DISTILLATION

DE

LA BETTERAVE.

Procédé Champonnois.

MACÉRATION PAR LE JUS MÊME, ÉPUISÉ DE SUCRE. — FERMENTATION CONTINUE. — ABSENCE COMPLÈTE D'ÉCOULEMENT D'EAU. — CONSERVATION DE LA PULPE.

Rapport fait à la Société impériale et centrale d'Agriculture

PAR M. DAILLY,

Au nom d'une Commission spéciale.

Nous publions dans cet opuscule le nouveau rapport (1) que M. Dailly, au nom d'une commission spéciale, vient de présenter à la Société impériale et centrale d'agriculture (2). Notre but a été d'abord, de payer un tribut de reconnaissance à cette honorable et utile société, et ensuite, de donner la plus

(1) Ce rapport a été déjà publié par l'*Echo agricole* dans les numéros des 8, 13, 15 et 17 mai 1855.

(2) Cette commission était composée de MM. Yvart, *président;* Payen, Boussingault, Pommier, Baudement, Delafond, et Dailly, *rapporteur.*

grande publicité possible aux faits signalés dans cet intéressant rapport.

Depuis longtemps la Société impériale et centrale d'agriculture se préoccupe à juste titre, des moyens de faire progresser l'agriculture, par l'introduction dans la ferme, d'industries vraiment agricoles, ayant pour effet, non-seulement d'accroître la production du sol; mais encore d'améliorer le sort des ouvriers ruraux, sollicités de toutes parts par l'industrie et par les travaux des villes; de leur donner ainsi une idée de l'influence de la science, et en relevant à la fois leur intelligence, et leur dignité, de les fixer dans les campagnes.

Aucune industrie ne pouvait, plus que la distillerie agricole, répondre, sous ces divers rapports, aux vues élevées de la Société impériale et centrale. Aussi, dès le principe, cette société a-t-elle accueilli mes efforts avec une extrême bienveillance; depuis, elle a voulu les suivre avec le plus vif intérêt, et c'est à cette fin qu'elle a désigné une commission spéciale, pour étudier principalement l'emploi des pulpes de betterave dans l'alimentation du bétail.

Cette commission, composée d'hommes si compétents, n'a négligé aucun moyen d'accomplir son généreux mandat. Elle s'est rendue dans un grand nombre de fermes où mon système est mis en pratique; elle a correspondu avec plusieurs cultivateurs qu'elle regrettait de ne pouvoir visiter; enfin comme nouvelle preuve des soins qu'elle a pris pour fixer son appréciation, elle a choisi pour son rapporteur l'honorable M. Dailly, qui, par son expérience éclairée dans tous les détails de l'agriculture pratique, et par l'application qu'il a faite, cette année, de mon procédé de distillation, dans sa belle ferme de Trappes, se trouvait dans les meilleures conditions possibles pour résumer les renseignements recueillis par la commission.

L'honorable M. Delafond, dont la science est si justement appréciée pour tout ce qui tient à l'économie du bétail, a bien voulu aussi réunir dans une note, ses observations personnelles, sur l'emploi de

la pulpe dans les distilleries agricoles qu'il a visitées.
— Cette note fait partie intégrante du rapport de
M. Dailly.

Ce précieux travail de la commission de la Société
impériale et centrale, est donc le meilleur compte-
rendu que nous puissions présenter à l'agriculture et
à l'industrie, au moment où l'expérience d'une seconde campagne vient de prononcer sur l'application
de mon procédé de distillation de la betterave, dans
plus de soixante établissements agricoles disséminés
dans trente-trois départements.

Ainsi ce procédé a été soumis à toutes les conditions de position, de nature de terrains, d'espèces et
de qualités de betterave. Partout mes prévisions sur
les points essentiels se sont réalisées, à savoir : travail simple et à la portée des ouvriers des campagnes; frais de fabrication moindres et rendement
supérieur à ceux obtenus avec les autres procédés
connus ; fermentation facile et continue; conservation dans la pulpe macérée de tous les éléments
constitutifs de la betterave, après la conversion du
sucre en alcool; absence complète de déversement
de liquide au dehors.

Les points essentiels qui forment les bases d'une industrie durable, peuvent donc être considérés comme
acquis à mon procédé, et avec les perfectionnements
qu'une plus longue pratique apportera, on peut re-
garder cette industrie comme définitivement fixée
dans la ferme, et comme étant, pour l'avenir, l'acces-
soire indispensable de toute bonne agriculture.

Nous indiquerons successivement, par des notes
explicatives sur quelques passages du rapport de M.
Dailly, divers points relatifs aux détails même de la
fabrication; mais le but de la Société impériale et
centrale d'agriculture, — et ce but est effectivement
le plus essentiel — ayant été de rechercher et de
constater les effets de l'emploi des pulpes dans l'a-
limentation du bétail, nous croyons utile de présenter sur ce sujet quelques considérations *générales*.

Cette question est certainement d'une haute importance, et c'est ce qui fait qu'elle a été l'objet d'ap-

préciations bien diverses. Généralement on convient que la pulpe de betterave est très propre à l'alimentation du bétail, que les animaux la recherchent avidement; mais comment en chiffrer la valeur alimentaire? C'est là ce qui a donné lieu à d'intéressantes et instructives controverses.

Ces divergences d'opinons ne viendraient-elles pas de ce que le problème qu'il s'agit de résoudre a été mal posé? On a voulu, ce nous semble, trouver le pouvoir alimentaire **absolu**, tandis que, pour arriver à une solution satisfaisante, il fallait rechercher le pouvoir alimentaire *relatif*.

On sait, en effet, qu'il n'existe aucune substance qui possède à elle seule tous les éléments et toutes les conditions utiles à une bonne alimentation, ou qui convienne également à tous les animaux d'âges et d'espèces différents. On sait aussi qu'une substance quelconque employée seule, ou mélangée à d'autres substances et dans diverses proportions, produira des résultats différents.

La Betterave, sous quelque forme qu'on l'administre, est certainement dans ce cas. Elle contient bien une partie des substances utiles à l'alimentation, mais elle ne les possède pas toutes; il lui manque, pour le complément de la ration, divers éléments qui, dans d'autres substances, excèdent les proportions convenables. — Il est donc indispensable de lui adjoindre d'autres matières alimentaires, dont la nature et les proportions sont commandées par le résultat qu'on cherche à obtenir.

Ainsi, l'alimentation des mères-nourrices ou des élèves, celle des animaux d'entretien, ou celle des animaux à l'engrais, ne doit pas être absolument la même. — La première doit fournir à la constitution de l'animal, à la formation de la charpente osseuse, ou à la production du lait, qui doit aussi contenir des éléments utiles au premier développement de l'animal; tandis que pour la ration d'entretien ou pour la production de la graisse, la nourriture doit contenir d'autres éléments, ou des proportions différentes.

Dans le premier cas, les grains et les fourrages, matières riches en azote et en phosphate, sont indispensables; dans le second, ces substances doivent être proportionnées aux besoins de l'état d'entretien; enfin pour la production de la graisse, le mélange sera plus utilement formé de matières, telles que les tourteaux, moins riches en principes salins.

La valeur absolue des résidus de la betterave distillée, ne peut donc être appréciée qu'en tenant rigoureusement compte des conditions dans lesquelles ils doivent être employés, pour que tous leurs éléments soient judicieusement utilisés. Exclusivement donnée, cette nourriture serait, comme beaucoup d'autres, plus nuisible qu'utile. Employée dans de trop fortes proportions, elle ne rendrait pas tous les services qu'on est en droit d'en attendre lorsqu'elle est convenablement mélangée. Il en est de même des aliments les plus riches. L'homme souffrirait d'une nourriture exclusive de viande; le cheval, d'une nourriture exclusive d'orge ou d'avoine. — Le résidu de la betterave distillée doit donc être considéré comme la base de toute alimentation des étables, mais à condition d'en varier les mélanges suivant la nature, l'âge, l'espèce des animaux et le genre de produit qu'on y recherche.

La valeur absolue des résidus de betterave ressort de combinaisons susceptibles de tant de variations, qu'il n'est pas étonnant de voir des estimations présenter entre elles des différences tranchées.

Tel nourrisseur trouve avantage à faire consommer à ses animaux des betteraves qui lui coûtent 20 fr. les mille kilogrammes; tel autre croit que l'étable ou la bergerie ne peut les payer que 10 ou 12 fr. Donc, avant de chercher à fixer la valeur absolue du résidu, il fallait être d'accord sur le prix qu'on peut donner à la betterave elle-même comme nourriture, ou, ce qui revient au même, il fallait en apprécier la valeur relative.

Au milieu de toutes ces appréciations, il y a un fait qui, pour n'être que le résultat de l'observation pratique, ne mérite pas moins une grande confiance.

— L'expérience des cultivateurs leur fait dire qu'ils réussissent aussi bien, et même, quelques-uns mieux, avec le résidu qu'avec la betterave, à quantité égale. Le résidu, distribué dans les mêmes proportions qu'ils distribuaient habituellement la betterave, leur donne d'aussi bons résultats; en d'autres termes, ils ne croiraient pas mieux réussir en conduisant directement la betterave à l'étable que lorsqu'elle a passé par la distillerie (1).

Ce résultat est tellement d'accord avec la théorie et les analogies qui s'y rapportent, qu'on est fondé à l'admettre, car, ainsi que nous l'avons dit ailleurs, le résidu, dans notre procédé, est de la betterave, moins la quantité de sucre qui en a été extraite par sa transformation en alcool.

Or, la betterave n'a jamais été administrée autrement par les cultivateurs intelligents. Ceux qui l'employaient en nature la mélangeaient avec des fourrages et laissaient fermenter ce mélange. Dans le Nord, où l'usage de la pulpe de sucrerie est consacrée par une longue expérience, on ne l'emploie pas à l'état frais, on la met en silos, où elle fermente et où elle perd par la fermentation le peu de sucre qu'elle pourrait contenir encore.

La betterave fermentée est donc généralement préférée à la betterave fraîche pour la nourriture des animaux. Or, le résidu de la macération par notre procédé n'est autre chose, on peut le dire, que de la betterave fermentée; elle offre de plus un avantage notoire sur la pulpe crue de sucrerie; elle est à peu près cuite, et par conséquent plus assimilable et plus digestive.

Quoiqu'il me semble impossible de rien ajouter à la force et à la justesse des raisonnements de M. Delafond sur ce point, je crois devoir le dire encore; il faut bien se rendre compte du principe qui préside

(1) Cette opinion est formulée par plusieurs cultivateurs, et se déduit facilement des quantités proportionnelles de résidu employées dans les rations ordinaires qu'ils ont indiquées et que signale le rapport de M. Dailly.

au traitement de la betterave dans mon procédé. —
Le jus extrait de la betterave est fermenté puis dis-
tillé; encore bouillant au sortir de l'appareil distillatoire, il est conduit sur de nouvelles tranches de betteraves dont il élimine le jus en s'y
substituant; aucune addition d'eau; aucune déperdition de liquide; que peuvent donc être ces cossettes
ainsi macérées? N'est-il pas évident qu'elles ne sont
autre chose que de la betterave, moins l'alcool ou
les acides qui dérivent de ces transformations, et
auxquels on n'a jamais prétendu attribuer d'autres
effets dans l'alimentation que de stimuler la digestion ou de fournir un aliment à la respiration. Or,
on sait que dans ces mélanges il faut nécessairement adjoindre aux résidus de la betterave, des
pailles ou fourrages hachés, où l'aliment respiratoire
est toujours en excès. — La betterave, traitée de
cette manière, entre donc dans l'alimentation du bétail avec toutes ses qualités essentielles qui forment
le base et la valeur de son pouvoir nourrissant, matières azotées, salines, grasses, etc., etc.

En énonçant la nature de ces matières, il faut bien
reconnaître qu'elles sont les seules qui ont une valeur
comme aliment, les seules qui jouent un rôle utile dans
l'assimilation, soit pour la transformation journalière de la substance même de l'animal, ou la dépense d'entretien, soit pour la formation de ce qui
constitue l'engraissement. Ces substances sont les
seules qui s'estiment et s'apprécient pour la nourriture, absolument comme l'azote et les sels, dans la
composition des engrais, s'estiment et s'apprécient
pour en déterminer la valeur. Comment donc pour-
rait-on expliquer ou motiver une dépréciation sur la
valeur alimentaire de ce résidu qui contient exactement tous ces éléments utiles? Toute la déperdition
qu'il a éprouvée dans le poids primitif est le sucre
converti en alcool, plus de l'eau, et nous avons vu
que la substitution de cet élément utile se fait économiquement par les pailles et fourrages qu'on y
ajoute. Tous les autres y sont conservés dans un état
assez solide pour que l'addition de **10 à 15 p. 100**

de fourrages secs absorbe le peu de liquide qui, par le repos pourrait s'en échapper. Et à ce propos il n'est pas inutile de revenir sur un point qui a donné lieu à plusieurs controverses, l'inutilité ou le peu de valeur des liquides qui s'écoulent des résidus ; nous répéterons donc encore, ce qui est d'une vérité absolue : que les liquides qui s'écoulent contiennent autant à poids égal, qu'un poids donné de résidus, et que toute perte de ce liquide est autant de perte en poids de la masse entière. Si cette élimination du poids total provenait de l'évaporation, il n'y aurait que concentration, et le poids restant aurait autant de valeur que le poids primitif. Mais si cette élimination est du liquide, la proportion de cette élimination représente exactement leur valeur perdue, et la preuve que ces liquides contiennent des éléments utiles, c'est que dans les dépôts où ils s'écoulent, ils entrent promptement en décomposition et répandent une odeur infecte, ce qui atteste la présence d'éléments organiques et surtout azotés. Donc, les matières liquides qui s'écoulent des résidus sont riches en substances utiles, et, pour conserver toute la valeur de la betterave, il ne faut rien perdre de ce qui est liquide.

Ainsi, pour formuler en termes simples, le problème à résoudre, afin d'arriver à une appréciation exacte de la valeur alimentaire des résidus, il faut ne pas considérer la betterave comme plante industrielle, mais bien comme plante fourragère et poser ainsi la question :

Doit-on conduire directement la betterave à l'étable, ou bien doit-on préalablement la faire passer par la distillerie ? Quel sera, dans les deux cas, le résultat, au point de vue de la nourriture du bétail et de la production des engrais ?

La question ainsi posée, la solution en était facile. Et c'est ainsi, je dois le dire, que l'ont formulée la plupart des cultivateurs qui ont employé cette année mon procédé. Leur but principal, unique même, c'était le but agricole, l'alimentation du bétail. Leurs soins et leurs observations se sont principalement portés sur ce point. Presque tous, après expérience, m'ont dit et m'ont écrit : « Je crois réussir avec le résidu de la macération à la vinasse, aussi bien qu'avec la betterave. » Cette déclaration d'hommes pratiques, d'accord avec les résultats des expériences suivies, n'ajoute rien sans doute à l'autorité des hommes distingués dont on va lire le travail ; mais il est permis de se féliciter, dans des matières aussi difficiles, de trouver en accord complet la science et la pratique.

H. CHAMPONNOIS.
Rue de la Jussienne, 8.

Rapport présenté par M. DAILLY *à la Société impériale et centrale d'agriculture, dans sa séance du 2 mai 1855.*

Messieurs et chers confrères,

Vous avez toujours considéré la production à bon marché des céréales et de la viande comme étant le but principal de l'Agriculture ; vos encouragements n'ont jamais manqué à toutes les améliorations agricoles qui vous ont paru être de nature à nous faire arriver en France à ce double résultat. Notre population s'accroît tous les jours, nous devons nous en féliciter ; mais nous avons en même temps à nous occuper de chercher, à force de travail et d'industrie, à doubler la production de notre sol, de manière à pouvoir trouver chez nous-mêmes des conditions de bien-être pour tous.

De grandes étendues laissées en herbages, le tiers au moins des terres en culture laissé en repos chaque année, pouvaient avec une population moindre que celle que nous avons aujourd'hui, être autrefois des moyens d'arriver à une production économique de la viande et du pain ; c'était un avantage qui n'avait point alors, malheureusement, pour conséquence la richesse ou même l'aisance du plus grand nombre. L'industrie n'avait point encore créé les éléments de travail qui sont venus depuis augmenter les salaires. Nous devons donc, pour que cet accroissement des prix de main-d'œuvre devienne une source de bien-être pour nos populations, chercher à arriver à produire les objets de première nécessité à des conditions aussi économiques que celles d'autrefois.

La culture de la betterave doit nous aider à atteindre ce but; elle nécessite des labours profonds, qui viennent augmenter la masse du sol; associée aux efforts de la végétation, elle force à nettoyer la terre; elle produit pour le bétail de la nourriture dans une saison où il a besoin de la main de l'homme pour en trouver. Consommé à l'étable, cet aliment devient la source d'une abondante production de fumier rendant au sol une fécondité qui répare les pertes que lui a fait subir la betterave, et qui peut encore venir aider à l'accroissement de production des céréales appelées à succéder à cette racine.

La culture de la betterave est couteuse; elle exige beaucoup de soins, beaucoup de main d'œuvre. On ne peut espérer arriver à une production économique de la viande en faisant *supporter en entier aux animaux le prix de revient de la betterave;* bien heureusement cette précieuse racine contient du sucre qui a une grande valeur d'argent, soit comme sucre cristallisé, soit comme alcool, sans paraître avoir à jouer dans l'alimentation du bétail un rôle très important. Ce riche produit peut être extrait en laissant pour le bétail une excellente nourriture, ainsi que l'expérience l'a depuis longtemps démontré pour les pulpes de sucreries.

Chacun de nous connaît les bienfaits réalisés par la fabrication du sucre. Cette admirable industrie, si puissamment favorisée par l'Empereur Napoléon 1er, s'exerce dans nos campagnes pendant la morte saison; elle utilise alors les bras occupés pendant l'été par les travaux des champs; elle répand autour d'elle l'aisance sans nuire à la santé du corps, et sans venir troubler les esprits des ouvriers qu'elle emploie, ce que l'on ne trouve pas dans un grand nombre d'industries agglomérées près des villes.

La fabrication du sucre ne peut malheureusement se généraliser dans nos exploitations rurales; elle doit, pour devenir lucrative, être exercée sur une grande échelle. Son installation est coûteuse, le combustible qu'elle nécessite et les soins qu'elle exige rendent peu nombreux les cultivateurs qui peuvent s'y livrer.

Il n'en est pas de même de la distillerie qui peut toujours se proportionner à l'importance du domaine en exploitation, qui est d'une conduite facile, qui emploie peu de combustible et qui n'exige que des avances relativement peu considérables.

L'extraction de l'alcool de betteraves n'est point une découverte nouvelle. Dès 1845, et même à une époque antérieure, M. Dubrunfaut, qui a rendu tant de services dans tout ce qui se rattache aux divers traitements de la betterave, démontrait qu'il y avait possibilité de fabriquer des esprits de betterave en concurrence avec les 3/6 du Midi.

Mais les considérations de M. Dubrunfaut portaient principalement sur l'adjonction des distilleries aux sucreries, au moyen de la construction de quelques appareils spéciaux. La cherté des alcools depuis l'année 1853 a nécessairement appelé de nouveau l'attention des hommes compétents sur la fabrication de l'alcool de betteraves.

Ainsi que nous l'avons dit, M. Dubrunfaut s'attachait principalement à démontrer que la fabrication de l'alcool devait être une annexe de la sucrerie.

M. Champonnois, embrassant un autre ordre d'idées, s'est attaché, au contraire, à introduire la distillation dans la ferme ; dans ce but, il a recherché les moyens :

1° D'avoir un outillage simple, relativement peu coûteux ;

2° De conserver la plus grande portion de la betterave pour la nourriture du bétail, après l'extraction de l'alcool, point essentiel pour le cultivateur ;

3° De faire emploi d'un mode de traitement de la betterave d'une exécution facile et peu dispendieuse, permettant d'obtenir une bonne extraction d'alcool.

Le procédé Champonnois a déjà fait plusieurs fois l'objet de communications à la Société.

Notre savant secrétaire perpétuel vous a expliqué qu'il avait pour principe la macération ; mais qu'au lieu d'employer l'eau pour macérer, M. Champonnois se servait, à cet effet, des vinasses. Dans ce procédé, après avoir passé au laveur et avoir été soumises au coupe-racines, les betteraves, transformées en cossettes, tombent dans un cuvier ; ces cossettes sont, en tombant dans ce cuvier, légèrement aspergées de quelques gouttes d'eau très faiblement additionnée d'acide sulfurique, puis elles y sont macérées par les vinasses. Le jus que l'on arrive ainsi à obtenir est dirigé dans une cuve où il est soumis à une fermentation provoquée par le mélange fait dans cette cuve de ce jus nouveau avec du jus plus ancien d'une cuve précédente en pleine fermentation. Le jus prend le nom de vin lorsque la fermentation est terminée ; il est alors dirigé dans la chaudière à distiller. La vinasse constitue ce qui reste dans la chaudière lorsque le vin a été par la distillation complétement épuisé d'alcool.

Un laveur, un coupe-racines, trois cuves à macérer, quatre cuves à fermenter, un appareil distillatoire, deux réservoirs à vinasse et un réservoir à alcool, complètent l'outillage que nécessite dans une ferme le procédé de M. Champonnois.

L'alcool que l'on arrive à obtenir de premier jet par ce procédé est accompagné d'huiles essentielles et généralement de 50 p. 100 de son volume d'eau. Ce mélange est généralement désigné sous le nom de *flegmes*. La valeur des *flegmes*, déterminée par la quantité d'alcool absolu qu'ils renferment, permet de les transporter à de grandes distances, en sorte qu'il est facile, lorsqu'on ne veut pas les rectifier à la ferme, de les livrer à des établissements spéciaux où ils peuvent être soumis à une seconde distillation dans laquelle on produit des 3/6 bon goût, en séparant l'alcool des huiles essentielles et en ramenant le mélange d'eau et d'alcool à 10 p. 100 d'eau, 90 p. 100 d'alcool absolu en volume.

En faisant servir les vinasses à la macération, M. Champonnois a eu pour but :

1º D'épargner du combustible ; la vinasse sortant de l'alambic à la température convenable pour servir immédiatement à la macération ;

2º De conserver, autant que possible, aux pulpes macérées leurs principes alibiles immédiats. puisque le jus de la betterave est l'agent même de la macération ;

3º De n'avoir pour ainsi dire besoin d'introduire dans la distillerie aucune quantité d'eau et de n'avoir à écouler aucun résidu liquide, double avantage dont ne jouissent pas les autres systèmes.

Notre savant secrétaire perpétuel a de plus, dans son rapport de 1854, fixé avec raison votre attention sur le mode employé par M. Champonnois pour l'entretien continu de la fermentation dans la distillerie.

Autrefois, après avoir empli une cuve de tout le liquide à fermenter qu'elle pouvait contenir, on ajoutait une quantité donnée de levure de bière préalablement délayée dans une quantité double de jus ou d'eau ordinaire, puis on attendait que par l'effet de ce ferment la cuvée se mît en ébulition. A chaque cuvée cette opération se renouvelait. Il en résultait d'abord une dépense assez considérable de levure, puis des inconvénients assez graves par suite de l'inégalité des fermentations ; parfois elles étaient lentes et visqueuses, d'autres fois turbulentes et emportées. Dans ces conditions, cette partie du travail exigeait des soins particuliers et des ouvriers experts.

Dans le système introduit par M. Champonnois, au lieu d'emplir une cuve et d'y ajouter une petite portion de levure dans une masse de jus non fermenté, et d'attendre la fermentation, on introduit au contraire le jus non fermenté, par faibles charges successives, dans une quantité de jus en pleine ébullition. Ainsi, la fermentation ne discontinue pas. Il y a là une innovation et une simplification qui peuvent être certainement regardées comme heureuses.

Vous avez témoigné tout l'intérêt que vous prenez à l'application des procédés de distillation de M. Champonnois, en nommant une commission, qui a été par vous chargée de visiter un certain nombre de ces distilleries. Vous avez donné à cette commission, comme principale mission, le soin de s'enquérir de tout ce qui pouvait avoir rapport à l'emploi des pulpes de macération comme aliment propre à l'entretien et à l'engraissement du bétail.

Votre commission s'est transportée successivement chez MM. Godefroy, cultivateur, à Villeneuve-le-Roy, près de Choisy (Seine-et-Oise);

Petit, cultivateur, à Champagne, près de Savigny (Seine-et-Oise):

Allier, directeur de l'établissement de Petit-Bourg (Seine-et-Oise);

Decauville, cultivateur, à Petit-Bourg (Seine-et-Oise):

Michaux, maître de poste, cultivateur, à Bonnières (Seine-et-Oise);

Christofle, propriétaire, à Brunoy (Seine-et-Oise);

Chertemps, cultivateur, à Rouvray (Seine-et-Marne);

Fréville, cultivateur, à Soindres, près de Mantes (Seine-et-Oise);

Muret, maître de poste, cultivateur, à Berny (Seine), qui a fait monter et diriger sa distillerie par son fils, M. Léon Muret;

Poinsot et Boutin, fabricants, à Grenelle (Seine);

Dailly, maître de poste, cultivateur, à Trappes (Seine-et-Oise).

Elle a de plus reçu des communications écrites de M. d'Herlincourt, député, propriétaire, à Éterpigny, près d'Arras (Pas-de-Calais);

De M. René Dhuicques, cultivateur, à Brégy (Oise);

De M. Boüault, directeur de la ferme-école de Villechaise (Indre);

De M. Lalouël de Sourdeval, propriétaire, dans le département du Cher, près de Nérondes;

Et de M. Huot, de Troyes.

M. Godefroy a su tirer un parti avantageux de la situation en pente du terrain de sa ferme pour l'établissement de sa distillerie, modèle n° 2. Nous avons remarqué chez lui les facilités qu'offrent le service du laveur, du coupe-racine, des cuviers de macération et l'emmagasinement des alcools. Il nous a dit avoir dépensé environ 20,000 fr. pour l'installation de sa distillerie et pour le brevet de M. Champonnois. Il travaillait, au moment de notre visite, seulement pendant le jour; il faisait habituellement huit cuviers de macération par jour, traitant ainsi 3,200 kilogrammes de betteraves qui lui nécessitent une consommation journalière de 5 litres ou 8 kil. d'acide sulfurique, soit 2 kilog, 50 par 1,000 kilog. de betteraves traitées. Il paraissait devoir obtenir de 3,50 à 4 d'alcool absolu par 100 kilog. de betteraves.

M. Godefroy donne à ses moutons 5 kilog. de pulpe par tête qu'il mélange à de la menue-paille provenant de sa machine à battre dans la proportion de 10 kilog. de menue-paille pour 100 kilog. de pulpe. Il a fait établir trois compartiments en briques qui lui servent à faire fermenter ses mélanges avant de les donner à ses animaux. M. Godefroy s'occupe exclusivement de l'engraissement des moutons. Ses animaux sont renfermés sous des hangars qui entourent le lieu où il dépose ses fumiers. Ils reçoivent, comme nourriture, du foin et un mélange de pulpe, de menue-paille et de grain; ce dernier mélange leur est distribué dans de petites auges portatives placées sur le fumier. M. Godefroy regarde le piétinement des moutons au moment où ils se précipitent pour venir consommer la pulpe comme très favorable à la bonne confection du fumier; il nous a dit être très satisfait de l'effet de la pulpe sur ses animaux; nous avons pu juger nous-mêmes de leur avidité à la manger.

M. Petit a établi également une distillerie modèle n° 2. Il nous a dit avoir aussi dépensé environ 20,000 fr. pour son installation et pour le brevet de M. Champonnois. Il travaillait, au moment de notre visite, jour et nuit; il arrivait ainsi en faisant 16 cuviers de macération par 24 heures à traiter 6,400 kilog. de betteraves par jour. Il emploie par cuvier 1/2 litre ou 800 grammes d'acide, soit 2 kilog. par 1,000 kilog. de betteraves. Il nous a annoncé avoir obtenu des betteraves, mélanges disettes et betteraves à sucre, traitées par lui, 3 66 0/0 d'alcool en moyenne. M. Petit vend à des cultivateurs voisins ou à des nourrisseurs une partie de ses pulpes; il fait manger le reste à ses animaux qui se composent de vaches et principalement de moutons à l'engrais. M. Petit mélange ses pulpes à de la menue-paille ; il laisse le mélange fermenter avant de le donner à ses animaux qui reçoivent, en outre, du foin et du tourteau. M. Petit nous a dit être satisfait de l'effet des pulpes sur ses animaux. Bien que sa ferme se trouve située à environ 20 kilomètres de Paris, des nourrisseurs de cette ville sont venus lui chercher des pulpes. M. Petit a pu réussir à conserver dans des silos, de la pulpe pendant deux mois.

Nous n'avons pu voir fonctionner la distillerie de M. Allier, directeur de Petit-Bourg. On était en train de remplacer les appareils établis l'année dernière, par de nouveaux appareils plus perfectionnés, avec lesquels M. Cail, qui avait fabriqué les premiers appareils, a l'espérance de pouvoir obtenir directement de l'alcool tout rectifié. M. Allier nous a dit avoir été fort satisfait des résultats de sa fabrication sous le rapport du rendement d'alcool et sous le rapport de la bonne alimentation de ses animaux par les pulpes. M. Allier a un choix d'animaux remarquable en porcs, bêtes à cornes et bêtes à laine, qui font grand honneur aux soins et à la nourriture qu'ils reçoivent. M. Allier ne pouvant arriver à consommer toutes ses pulpes, en cède une grande partie à M. Decauville, cultivateur, demeurant à côté de lui. M. Decauville entretient sur sa ferme, 500 moutons à l'engrais et 30 vaches laitières. Nous sommes allés visiter sa ferme. M. Decauville nous a dit être satisfait des pulpes de M. Allier ; il paraît disposé à monter, cette année, une distillerie pour son propre compte.

M. Decauville mélange :

Pulpe	84 kilog.
Menue-Paille	10
Tourteau de colza. . .	6
Total. . . .	100 kilog.

Il forme le mélange vingt-quatre heures avant la consommation; ses animaux s'en montrent alors très avides. Il a remarqué que lorsque la fermentation du mélange se prolonge au delà de vingt-quatre heures, les animaux le recherchent moins, et qu'il en est de même lorsqu'il est donné avant la fermentation; les animaux, dans ce cas, ne mangent pas la paille.

M. Decauville donne par tête :

1° Aux vaches, 50 kilog. de mélange, soit 42 kilog. de pulpe;

2° Aux moutons, 7 kilog. de mélange, soit 5 kilog. 90 de pulpe.

Il ajoute au mélange quelques bottes seulement de mauvais foin. M. Decauville, qui employait autrefois des betteraves au lieu de pulpe, pour faire ses mélanges, déclare estimer autant 1,000 kilogrammes de pulpes que 1,000 kilogrammes de betteraves.

M. Michaux, de Bonnières, traite en vingt-quatre heures, avec le modèle n° 2 de M. Cail, 5,600 kilog. de betteraves; il se dispense de laver ses betteraves, ce qui supprime dans sa distillerie tout usage d'eau. Il emploie 1 lit. 50 ou 2 kilog. 40 d'acide sulfurique par 1,000 kilogrammes de betteraves; il étend l'acide de 10 fois son volume d'eau avant d'en faire usage. Il annonce obtenir 4 p. 100 d'alcool avec des betteraves d'origines diverses, et 72 à 80 p. 100 de pulpe. Il tient à l'engraissement 800 bêtes à laine; ses moutons reçoivent 5 kilog. 25 de pulpe par tête. Il ajoute à sa pulpe 20 p. 100 de foin et 15 p. 100 de paille, composant ainsi un mélange dont ses animaux reçoivent environ 7 kilog. par tête. Il pense que la pulpe ne peut, pas plus que la betterave, être employée seule d'une manière fructueuse à l'engraissement du bétail, il la considère comme devant être complétée par des grains ou des tourteaux. Le tourteau est distribué par M. Michaux séparément de la pulpe.

M. Michaux pense arriver à engraisser dans sa campagne 1,170 moutons. Il espère les vendre gras 10 fr. plus cher qu'il ne les a achetés maigres; il regarde trois mois comme le temps moyen nécessaire pour l'engraissement des moutons. M. Michaux considère la pulpe comme très favorable à la production du fumier sous le rapport de son abondance et de sa qualité.

M. Christofle a fait établir dans sa propriété de Brunoy par M. Cazal, élève de 3e année à l'école centrale, une distillerie modèle n° 3, dans laquelle il distille en 12 heures 2,500 kilog. de betteraves. M. Cazal a monté avec intelligence, pendant ses vacances dernières la distillerie de M. Christofle. Il a profité comme M. Godefroy, d'une différence de niveau existant dans la localité, pour faciliter le travail. Il a pu ainsi disposer le laveur en contre haut du coupe-racine qui lui-même est au niveau de la partie supérieure des cuviers macérateurs. Avec cette disposition, un enfant jette les betteraves dans le laveur et elles tombent directement dans le coupe-racine. M. Christofle emploie dans sa distillerie 2 ouvriers et 1 enfant.

Il traitait, au moment où nous avons visité sa distillerie, des betteraves peu riches en sucre, qui lui produisaient seulement 3 p. 100 d'alcool. Il nous a dit avoir fait emploi de ses pulpes pour ses vaches et ses cochons, et en avoir vendu une portion à des cultivateurs voisins. Sa vacherie se trouvait, au moment où nous l'avons visitée, entièrement dégarnie, par suite de l'invasion de la pneumonie, qu'il ne croit en aucune façon devoir attribuer à la nourriture reçue par ses vaches.

M. Chertemps a établi à Rouvray une distillerie modèle n° 1, dans laquelle il traite en 24 heures, 8,500 kil. de betteraves d'origines diverses, avec 14 cuvées de macération. Il emploie 1 k. 10 d'acide par 1,000 kil. de betteraves traitées. Son rendement en alcool est d'environ 4 p. 100 ; il annonce obtenir environ 80 p. 100 de pulpe. Il entretient des brebis portières qui doivent agneler en juin ; il possède un lot d'agneaux et un lot d'Antenais (1) qui doivent atteindre en juin, le premier, un an, et le second, deux ans. Il nourrit des moutons à l'engrais, et de plus un nombre de bêtes à cornes insignifiant.

M. Chertemps annonce être satisfait de l'emploi des pulpes. Il donne à ses animaux un mélange de pulpe et de menue paille, formé dans la proportion de 10 kilog. de menue paille par 100 kilog de pulpe. L'imperfection de son hache paille ne lui a pas permis d'ajouter au mélange, des fourrages hachés, ce qui est pour lui un regret. Il laisse le mélange fermenter pendant dix-huit heures seulement ; il n'est point partisan d'une plus longue fermentation. M. Chertemps donne par tête :

1° *à ses brebis.*

1° Mélange pulpe et menue
    paille. . . . . . 3 k. 50, soit 3 k. 20 de pulpe.
2° Fourrage 0   40
3° Paille de blé . . . 2   00

2° *à ses agneaux.*

1° Mélange pulpe et menue
    paille. . . . . . 1 k. 75, soit 1 k. 60 de pulpe.
2° Fourrages médiocres . 1   30
3° Paille de blé 2   00

(1) Les lots de brebis, d'agneaux et d'Antenais ne se composent pas de moins de 600 bêtes chacun. — Le troupeau de M. Chertemps est de près de 2,000 têtes.

3º à ses Antenais.

Même nourriture qu'aux brebis.

4º à ses moutons à l'engrais.

1º Mélange pulpe et menue
    paille. . . . . . . 8 k. 00, soit 7 k. 30 de pulpe.
2º Tourteau 0 500
3º Fourrage 0 300
4º Paille de blé . . . 1 500

M. d'Herlincourt, propriétaire à Éterpigny, près d'Arras, se félicite beaucoup de l'emploi des pulpes de betteraves traitées par la macération; il en emploie 5,000 kil. par jour. Les moutons, chez lui, dit-il, les préfèrent aux fèves, aux pois et à l'avoine. 40 vaches laitières, 300 brebis nourrices, de jeunes veaux et des agneaux, et un grand nombre de truies, consomment avec avantage ces pulpes. Il en fait emploi lorsqu'elles sont encore chaudes, au moment de leur sortie des cuviers de macération; il la mélange, alors, à de la paille hachée introduite en quantité suffisante pour absorber tous les jus des pulpes. M. d'Herlincourt donne à discrétion de la pulpe macérée, à ses animaux à l'engrais, en y ajoutant une faible quantité de foin.

Un bœuf ou une forte vache consomme ainsi, par tête . . . . 68 kilog. de pulpe
  Un mouton Dislhey . . . . 12 —
  Un porc . . . . 15 —

Il donne à ses vaches, par tête :

  Pulpe. . . . . kil. 18
  Foin 5
  Choux 15
  Paille d'avoine 5

Il donne à ses génisses, par tête :

  Pulpe. . . . . kil. 18
  Foin 6
  Paille d'avoine 10

Ses brebis reçoivent, par tête :

  Pulpe. . . . . kil. 3
  Navets saupoudrés de farine d'orge 1 67
  Avoine non battue. 1 67
  Fèves. 1 34

Ses agneaux de 2 mois 1/2 reçoivent, par tête :

Pulpe. . . . . kil. 0 50
Foin 1
Paille d'avoine 1 67

M. Dhuicques, de Brégy, déjà récompensé par vous, l'an dernier, a une distillerie modèle du n° 2. Il en est à sa seconde année d'expérience; il travaille jour et nuit. Il emploie deux équipes, l'une pour le jour, l'autre pour la nuit. Chaque équipe est composée de quatre hommes et d'un enfant. Il paraît traiter, en vingt-quatre heures, 5,000 kilog. de betteraves, en employant, pour ces 5,000 kilog., 2 litres ou 3 kilog. 200 d'acide sulfurique, soit, pour 1,000 kilog. de betteraves, 0 kil. 640 d'acide. Il étend l'acide, de 20 fois son volume d'eau, avant d'en faire emploi. Il obtient de ses betteraves 4 p. 100 d'alcool et 71 p. 100 de pulpe. Il ajoute à sa pulpe 22.50 p. 100 de foin, 1.60 p. 100 de menue paille fraîche de blé et d'avoine, et 4.20 p. 100 de tourteau en noisette. Il laisse fermenter le mélange deux jours avant de l'employer. Il a remarqué, lorsque les animaux consomment la pulpe non fermentée, qu'ils crient après le repas, qu'ils redemandent à manger, et qu'en peu de temps ils perdent de leur poids; qu'en ayant soin, au contraire, de leur distribuer le mélange lorsqu'il a fermenté, les animaux se couchent après leur repas, dorment et engraissent.

M. Dhuicques donne par jour et par tête :

1° A des bœufs qu'il engraisse en les faisant travailler modérément :

Mélange. . . 108 kil., soit 84 kil. de pulpe;

2° A ses vaches :

Mélange. . . 33 kil., soit 26 kil. de pulpe;
Regain . . . 1 botte;
Paille d'avoine. 1/2 botte.

Ses vaches s'entretiennent avec cette ration, mais n'engraissent point. Les moutons que M. Dhuicques dispose à l'engrais reçoivent, par jour et par tête :

Mélange. . . 6 kil., soit 4 k. 70 de pulpe.

M. Dhuicques a reconnu qu'il n'y avait pas avantage pour lui à porter trop loin l'engraissement des moutons. Il donne, par jour et par tête, aux moutons qu'il pousse seulement à un premier degré d'engraissement :

Mélange. . . 9 kil., soit 7 kil. de pulpe.

M. Dhuicques a observé que la pulpe, lors même qu'elle

était additionnée d'une grande quantité de tourteaux ne convenait pas aux porcs. Il n'a pas donné de pulpe aux moutons qu'il devait garder. Il avait, au 31 mars, traité depuis le commencement de la campagne 670,000 kil. de betteraves, dont les pulpes ont servi à la consommation de 700 moutons, de 6 bœufs et de quelques vaches livrées par lui à la boucherie.

M. Boüault, en travaillant jour et nuit du 21 décembre au 31 mars tous les jours, sauf les dimanches et fêtes, a traité 409,600 de betteraves. Il ne lave pas ses betteraves, il se contente de les faire décrotter, en payant cette façon à raison de 0.50 les 1,000 kilog. Il fait remarquer que les betteraves consommées par les animaux, dans les fermes, ne sont pas généralement lavées. M. Boüault emploie 2 kilog. d'acide sulfurique par 1,000 kilog. de betteraves, il étend l'acide sulfurique de 8 fois son poids d'eau avant d'en faire emploi. Ses fermentations ont toujours été parfaites.

Il annonce avoir obtenu de betteraves de l'espèce blanche à collet vert, sortant en partie de terre, 3 lit. 50 pour 100 d'alcool et 78 pour 100 de pulpe. Ses pulpes ont été consommées par 39 bêtes à cornes, dont 6 bœufs à l'engrais, 6 bœufs de travail, 27 vaches et élèves et par 380 bêtes ovines, dont 260 brebis portières et 120 moutons à l'engrais. Il ajoute à sa pulpe, reçue par lui, dans une fosse, lorsqu'elle est encore chaude 15 pour 100 de menue paille ou de paille hachée. Il pense que pour les animaux à l'engrais, il y aurait avantage à substituer du bon foin haché à la paille.

M. Boüault, donne par jour et par tête,

1º A ses bœufs à l'engrais :
Mélange à discrétion évalué   70 k., soit 61 k. de pulpe;
Tourteau de lin . . . .   2 k.

2º A ses moutons à l'engrais :
Mélange à discrétion. . .   5 k., soit 4 k. 34 de pulpe;
Tourteau de lin. . . .   0 50

3º A ses bœufs de travail :
Mélange. . . . . 70 k., soit 61 k. de pulpe;
Paille . . . . indéterminée;

4º A ses vaches laitières ou élèves :
Mélange. . . . . 30 k., soit 26 k. de pulpe;
Paille . . . . indéterminée;

5° A ses brebis mères :

Mélange. . . . . . .   5 k., soit 4 k. 34 de pulpe;
Foin. . . . .   indéterminée.

Ce mélange est donné à discrétion aux bœufs à l'engrais et aux moutons à l'engrais. Il est seulement mesuré pour les autres animaux.

Les bœufs et les moutons à l'engrais ont refusé du bon foin et du trèfle qui leur avait été donnés en sus de la ration ci-dessus indiquée.

M. Boüault dit que l'expérience l'autorise à conclure que les pulpes de betteraves obtenues par le procédé Champonnois sont une bonne nourriture saine et favorable à l'élève et à l'engraissement du bétail. Suivant M. Boüault, ses bœufs à l'engrais, vieux travailleurs fatigués, ont cette année engraissé aussi facilement qu'ils pouvaient le faire les années précédentes, lorsqu'ils recevaient du bon foin ou des betteraves crues. Ses moutons à l'engrais sont arrivés sur le marché de Sceaux avec la veine aussi fraîche que des agneaux. Ses bœufs de travail, ses vaches et ses élèves sont en meilleur état qu'il ne les a jamais vus dans cette saison.

M. Lalouël de Sourdeval a fait un essai intéressant de conservation de pulpe dans un silo.

Il a, au mois de décembre dernier, fait établir une tranchée de 0ᵐ 50 de profondeur sur 1ᵐ de largeur avec une petite rigole de 0ᵐ 10. Au milieu il a placé 1,000 kilog. de pulpe dans cette tranchée en les recouvrant de 0ᵐ 30 de terre. Ayant vu son silo s'affaisser beaucoup quelque temps après, il le fit alors ouvrir, s'attendant à trouver ses pulpes en état de décomposition, mais il fut agréablement surpris en les trouvant dans un état parfait de conservation et seulement plus tassées et plus sèches. Son silo fut par lui recouvert, il l'a visité depuis plusieurs fois, et il a continué à trouver toujours les pulpes aussi bonnes que le premier jour. Il se propose de continuer pendant tout l'été son expérience de conservation des pulpes.

Nous avons recueilli chez MM. Fréville, Muret, Poinsot et Boutin des renseignements favorables sur les résultats de leur fabrication, et nous avons appris que M. Huot déjà récompensé par vous l'an dernier, comme ayant le premier fait usage du procédé de M. Champonnois, avait continué à en faire emploi avec avantage cette année.

Je n'ai eu, pour ma part, également qu'à me louer du parti que j'ai pris d'établir au mois d'octobre dernier, avec mon régisseur, M. Baron, dont le concours m'a été des plus utiles, une distillerie montée suivant le système Champonnois, modèle n° 2. J'ai dépensé pour l'établir une somme de 16,032 fr. 30, qui peut se diviser ainsi :

Appropriation des bâtiments . . .   1,886 50
Fourniture et pose des appareils. . 11,145 80
Brevet de M. Champonnois . . .   3,000 »

       Total. 16,032 30

Après avoir travaillé d'abord pendant le jour seulement, du 18 novembre au 11 janvier, j'ai depuis, jusqu'au 1er mars travaillé avec avantage jour et nuit. Ma fabrication a duré 100 jours, en ne comprenant pas trois jours de chômage complets; elle a donné lieu à 126 opérations. Il a été traité dans toute la campagne 484,600 kilog. de betteraves, soit par opération 3,846 kilogrammes de betteraves, correspondant à 9 cuvées 50 de macération. Il a été employé pour toute la campagne 620 kilog. d'acide sulfurique, soit 1 kil. 28 d'acide sulfurique par 1,000 kilog. de betteraves employées.

La marche de ma distillerie a été des plus satisfaisantes comme simplicité et régularité de travail. J'ai presque constamment obtenu de bonnes fermentations, ce qui est essentiel pour arriver à une abondante production d'alcool.

Je dois cependant dire que j'ai, dans le principe, trop ménagé l'acide sulfurique. Cet agent exerce un effet marqué sur la fermentation. Il est arrivé un moment où mes fermentations sont devenues nitreuses, j'ai reconnu alors la nécessité de faire emploi d'une plus grande quantité d'acide sulfurique, j'en ai fixé la dose à 2 kil. par 1,000 kil. de betteraves; je suis depuis arrivé à entretenir d'excellentes fermentations.

J'ai obtenu pendant la campagne 17,911 litres 97 d'alcool *trouvés à la vente* et 353,700 k. de pulpe, soit 3 lit. 69 d'alcool et 72.98 p. 100 de pulpe par 100 kil. de betteraves employées.

Les betteraves que j'ai traitées appartenaient toutes à la variété des betteraves blanches à sucre de Silésie, à collet vert; mais récoltées chez moi, après avoir été soumises à diverses conditions de culture et d'engrais, elles présentaient des différences très grandes par leur richesse en sucre, ainsi qu'on peut le voir dans le tableau ci-dessous que je dois à l'obligeance de M. Clerget, qui a bien voulu faire ces dix essais de betteraves; leur moyenne, peut, je crois, servir à donner une idée de la richesse moyenne des betteraves ayant servi à ma fabrication.

DATE de l'analyse.	Nombre d'analyse des betteraves	NOMS DES PIÈCES où ont été récoltées les betteraves.	ENGRAIS employé à l'hectare aux lieux où ont été récoltées les betteraves.	MODE d'ensemence-ment.	Poids des Bette-raves.	Jus extrait de la pulpe 0/0	Densité du jus.	Titre saccharin 0/0	DISTILLATION au LABORATOIRE	
									Densité après fermentatn	Alcool obtenu 0/0
					k.					k.
26 sept. 1854	1	Fabrique (Trappes)	Eaux de fabriqe et guano, 100 k.	Plantoir Docte	4.50	85.56	1,036	4.93	»	»
do	1	do do	Eaux de fabrique	Semoir	1.30	80. »	1,055	11.60	»	»
do	1	Croix-Rouge do	Fumier, 50,000 k	do	1.20	86.50	1,044	8.27	»	»
2 oct. 1854	1	Fabrique do	Eaux de fabriqe et guano, 100 k.	Plantoir Docte	2.20	»	1,042	7.90	10,070	4.50
do	1	do do	Eaux de fabrique	Semoir	1. »	75.50	1,055	11. »	»	»
do	1	Croix-Rouge do	Fumier, 50,000 k.	do	1.40	»	1,046	9.70	»	»
do	1	Bois Senon (Bois-d'Arcy)	Fumier 40,000 k., et guano 243 k.	Plantoir Docte	2.30	80. »	1,051	10.60	10,045	5.80
do	1	do do	Fumier, 40,000 k. / Guano, 103 k. / Tourteau de colza, 103 k.	do	2.35	83. »	1,049	9.90	»	»
do	1	do do	Fumier, 40,000 k.	Semoir	1.90	»	1,042	8.60	10,030	4.50
4 déc. 1854	1	Résultats moyens de l'analyse de 4 betteraves		4.50 / 2.60 / 1.70	2.45	»	1,041	6.80	»	4. »
Total :	10	»	»	»	k. 20.60	»	»	89.30	»	»
Moyenne :	»	»	»	»	2.06	»	»	8.93	»	»

Mon compte de fabrication peut être établi, pour cette campagne, de la manière suivante :

DÉPENSES DE LA DISTILLERIE DE TRAPPES. — EXERCICE 1854-1855.

Traitement de 484,600 kil. de betteraves, ayant donné lieu à 126 opérations.

	TOTAL.	Par opération.	Par 1,000 k. de betteraves.
Achat betteraves { Total . . . 484,600 k. / Par opération . . . 3,846 k. } à 24 fr. les 1,000 kil	11,630 40	92 30	24 »
Mise en silos	260 »	2 06	0 53
Main-d'œuvre: Pour transport des silos au laveur, lavage, découpage, macération, fermentation, distillation, nettoyages	1,364 15	10 82	2 82
Combustible { Distillation { Total . . . 18,200 k. » / Par opération . . . 144 k. » / Macération { Par 1,000 k. betteraves 37 k. 55 } à 40 fr. les 1,000 kilog.	728 »	5 77	1 50
Acide sulfurique { Total . . . 620 k. » / Par opération . . . 4 k. 92 / Par 1,000 k. betteraves . 1 k. 24 } à 20 fr. les 100 kil.	124 »	0 98	0 25
Savon noir, 132 kil. à 0 fr. 70 c. l'un.	92 40	0 73	0 19
Levure, 30 kil. à 1 fr. 20 c. l'un.	36 »	0 28	0 07
Fûts pour transport des flegmes	226 »	1 79	0 47
Force motrice	422 »	3 34	0 87
Machines, usure	313 60	2 48	0 64
Bâtiments	50 50	0 40	0 10
Transport des flegmes	116 80	0 92	0 24
Eclairage	180 »	1 42	0 37
Direction	290 »	2 30	0 60
Loyer	125 »	0 99	0 25
Assurance	64 »	0 51	0 13
Patente et impôts directs.	100 »	0 79	0 20
Impôts indirects	8 60	0 07	0 01
Frais généraux	80 80	0 64	0 16
Contributions à dépenses ferme.	200 »	1 58	0 41
Amende pour un manquant de 58 litres d'alcool	58 10	0 46	0 12
TOTAL.	16,470 35	130 63	33 93
Amortissement et bénéfices.	6,585 90	52 35	13 63
TOTAL GÉNÉRAL.	23,056 25	182 98	47 56

PRODUIT DE LA DISTILLERIE DE TRAPPES. — Exercice 1854-1855.

			TOTAL.	Par opération.	Par 1,000 k. de betteraves.
Alcool absolu	Total.	17,911 lit. 97			
	Par opération	142 lit. 45 — à 105 fr. 02 les 100 litres.	18,811 85	149 50	38 81
	Par 1,000 kilog. de betteraves	36 lit. 90			
Pulpes	Total.	353,700 k. »			
	Par opération	2,807 k. » — à 12 fr. les 1,000 kilog.	4,244 40	33 68	8 75
	Par 1,000 kilog. de betteraves	729 k. 80			
		Total égal.	23,056 25	182 98	47 56

La dépense de main-d'œuvre pour chaque opération peut être ainsi divisée :

Transport des silos au laveur, 1 ouvrier à 1 fr. 50   1 50
Lavage, enfant, fr. 1 à 1 25 . . . . . .   1 25
Découpage et aide au macérateur, 1 ouvrier à 2 fr. . . . .   2 »
Macérations et soins aux fermentations, 1 ouvrier à 2 fr. 50. . . . .   2 50
Distillation, 1 ouvrier à 3 fr. . . . . . .   3 »
Nettoyages et travaux divers 0 57

Total par 3,846 kil. de betteraves. . . 10 82 (1)

J'ai vendu mes alcools à l'état de flegmes, marquant en moyenne 48°50. Mon prix de vente de l'alcool a été réglé avec mes acheteurs par le prix de l'alcool de betteraves bon goût à 90 degrés, appliqué à 100 lit. d'alcool absolu livré

(1) 2 fr. 80 par 1,000 kil.

par moi dans mes flegmes, avec réduction sur ce prix d'une bonification pour la rectification, qui a varié de 27 à 30 fr. et avec des réductions pour commission et escompte.

Les pulpes ont été consommées par mes animaux de Trappes et de Bois-d'Arcis, et pour une très faible quantité par mes vaches de Paris. J'ai fixé à 12 fr. le prix à Trappes des 1,000 kilog. de pulpe; j'ai adopté ce prix comme étant celui payé par des nourrisseurs chez MM. Muret et Petit; mais je crains bien qu'il soit difficile aux animaux que j'entretiens de pouvoir payer les pulpes à un prix aussi élevé.

Mes moutons de Trappes, de race métis-mérinos, préparés et soumis à l'engraissement, m'ont présenté en décembre, janvier et février derniers pendant 90 jours un effectif total de 53,097 journées, soit une moyenne par jour de 590 têtes. Leur consommation peut être représentée par le tableau suivant :

NATURE des CONSOMMATIONS.	EN NATURE.			PRIX des quantités consommées.	EN ARGENT.		
	TOTAL.	en moyenne par jour.	en moyenne par tête et par jour.		TOTAL.	en moyenne par jour.	en moyenne par tête et par jour.
	kil.	kil.	kil.	fr.	fr.	fr.	fr.
Pulpes de distilleries.	225.220	2.502. »	4.24	12 les 1,000 k.	2,702.40	30. »	0f0508
Menue paille.	24.600	273. »	0.46	29 do	713.40	7.92	0.0134
Foin mauvais,	34.500	383. »	0.65	30 do	1,035. »	11.50	0.0194
Regain,	12.500	139. »	0.235	39 50 do	493.75	5.49	0 0093
Résidus de féculerie,	11.200	124. »	0.210	7 50 do	84. »	0.93	0.0015
Avoine,	1.240	13.78	0.023	14 70 les 100 k.	182.30	2 02	0.0034
Tourteau.	280	3.11	0.005	14 do	39.20	0.43	0.0007
Son.	275	3.05	0.001	12 20 do	33.50	0.37	0.0006
Paille, blé, avoine, colza,	34.670	385.22	0.652	29 les 1,000 k.	1,005.40	11.17	0.0185
	k	k	k		fr.	fr.	fr.
Total :	344.465	3.826.16	6.476	»	6,288.95	69.83	0.1176

Mes vaches de Trappes, de race cotentine, en état de gestation, de lactation ou d'engraissement, m'ont présenté en décembre, janvier et février derniers, pendant 90 jours, un effectif total de 1,940 journées, soit une moyenne par jour de 21 bêtes 55 ; leur consommation peut être représentée par le tableau suivant :

NATURE des CONSOMMATIONS.	EN NATURE.			PRIX des quantités consommées.	EN ARGENT.		
	TOTAL.	en moyenne par jour.	en moyenne par tête et par jour.		TOTAL.	en moyenne par jour.	en moyenne par tête et par jour.
	kil.	kil	kil.	fr.	fr.	fr.	fr.
Pulpe de distillerie	60 700	674.44	31.29	12 les 1,000 k.	728f40	8f10	0f375
Menue paille.	3.689	41. »	1.90	29 do	106.98	1.18	0.055
Regain.	12.500	138.88	6.44	47 do	587.50	6.52	0.302
Son.	1,420	15.77	0.73	13 les 100 k.	184.40	2.05	0.095
Recoupe.	600	6.66	0.31	13 60 do	81.60	0 91	0.042
Tourteau,	100	1.11	0 05	14 do	14. »	0.15	0.007
Paille avoine.	14,100	156.66	7 26	30 les 1,000 k.	423. »	4.70	0.218
	k	k	k		fr.	fr.	fr.
Total :	93.109	1,034 52	47.98	»	2,125 88	23 61	1 094

La pneumonie qui a malheureusement depuis deux ans envahi mon étable, a continué à y exercer des ravages, mais en perdant d'intensité cette année. La santé de mes bêtes à laine a été très satisfaisante.

Les menues pailles ont été mélangées à la paille dans la proportion de 11 kilog. de menue paille par 100 kilog. de pulpe pour les moutons, et de 6 kilog. de menue paille par 100 kilog. de pulpe pour les vaches, en prenant le soin de faire fermenter le mélange 24 heures avant de le faire consommer aux animaux.

Afin de comparer à la valeur nutritive des pulpes de féculerie, dont je fais usage depuis longtemps, la valeur nutritive des pulpes de distillerie, j'ai mis en expérience comparative deux lots composés chacun de 12 moutons métis-mérinos pendant 90 jours, du 15 décembre au 15 mars ; l'un d'eux, n° 1, nourri avec des résidus de féculerie, et l'autre, n° 2, nourri avec des résidus de distillerie. L'avantage est resté au lot nourri avec des résidus de féculerie.

Les deux lots ont été pesés le jour où ils ont commencé à être soumis à l'engraissement, et leur poids a été jusqu'au jour où ils ont été abattus constaté tous les mois régulièrement.

Il a été reconnu pour poids du lot n° 1.

	Total.	Moyenne par tête.
Le 15 décembre	626 kil.	52 kil. 166
Le 15 janvier	665	55 416
Le 16 février	670	55 833
Le 15 mars	716	59 666

Il a été reconnu pour poids du lot n° 2.

	Total.	Moyenne par tête.
Le 15 décembre	624 kil.	52 kil. »
Le 15 janvier	657	54 750
Le 16 février	658	54 833
Le 15 mars	683	56 916

Ce qui donne une augmentation pour le n° 1.

	Total.	Moyenne par tête.
Le 1er mois	39 kil.	3 kil. 250
Le 2e mois	5	0 416
Le 3e mois	46	3 833
Total	90 kil.	7 kil. 499

	Total.	Moyenne par tête.
Pour le lot nº 2.		
Le 1ᵉʳ mois	33 kil.	2 kil. 750
Le 2ᵉ mois	1	0 083
Le 3ᵉ mois	25	2 083
Total	59 kil.	4 kil. 916

Le lot nº 1 a donné à l'abattage 300 kilog. de viande, soit 42 pour 100 de son poids vivant.

Le lot nº 2 a donné à l'abattage 279 kilog. de viande, soit 40 50 pour 100 de son poids vivant.

Les effectifs et les consommations ont été pour le nº 1 :

(Voir d'autre part le tableau.)

	EFFECTIFS.	EN TOTAL.						EN MOYENNE PAR JOUR ET PAR TÊTE.					
		Résidus de féculerie.	Menue paille.	Mauvais foin.	Tourteau.	Avoine.	Paille.	Résidus de féculerie.	Menue paille.	Mauvais foin.	Tourteau.	Avoine.	Paille.
	kil.	kil.	kil.	kil.	kil.	kil.	kil.	kil.	kil.	kil.	kil.	kil.	kil.
1er mois	372	1,240	91.	365	»	»	250.	3.333	0.244	0.981	»	»	0.672
2e mois	372	1,240	91.	365	»	»	250.	3.333	0.244	0.981	»	»	0.672
3e mois	336	1,120	82.	330	30.	40.	220.	3.333	0.244	0.981	0.089	0.419	0.672
Total en moyenne.	1,080	3,600	264.	1,060	30.	40.	720.	3.333	0.244	0.981	0.027	0.037	0.672

Les effectifs et les consommations ont été pour le lot n° 2:

	EFFECTIFS.	EN TOTAL.						EN MOYENNE PAR JOUR ET PAR TÈTE.					
		Résidus de distillerie.	Menue paille.	Mauvais foin.	Tourteau.	Avoine.	Paille.	Résidus de distillerie.	Menue paille.	Mauvais foin.	Tourteau.	Avoine.	Paille.
	kil.	kil.	kil.	kil.	kil.	kil.	kil.	kil.	kil.	kil.	kil.	kil.	kil.
1er mois	372	1,240	91.	365	»	»	250.	3.333	0.244	0.981	»	»	0.672
2e mois	372	1,240	91.	365	»	»	250.	3.333	0.244	0.981	»	»	0.672
3e mois	336	1,120	82.	330	30.	40.	220.	3.333	0.244	0 981	0.089	0.119	0.672
Total en moyenne.	1,080	3,600	264.	1,060	30.	40.	720.	3.333	0.244	0.981	0.027	0.037	0.672

Je désigne, sous le nom de mauvais foins, des foins mal récoltés, d'une couleur jaunâtre, n'exhalant aucun parfum, n'offrant pas d'élasticité à la main. Ces foins ne peuvent sur les marchés être vendus pour la consommation des chevaux; mes moutons me servent à les utiliser.

Les deux lots ont été vendus au prix de 1 fr. 70 le kilog. de viande à trouver à l'abattage ce qui a donné pour le lot n° 1 le prix de   510 fr., soit de 42 fr. 50, pièce.
Pour le lot n° 2   474 30,   d°   39 fr. 50,   d°.

Les 24 moutons en expérience portaient chacun en moyenne 4 kil. 250 de laine, représentant à 2 fr. 10 le kil. une valeur par tête de 8 fr. 92, dont le boucher a profité.

Les moutons formant les 2 lots pouvaient être au début de l'engraissement évalués à 33 fr. la pièce, ce qui donnait pour chacun desdits lots une valeur de 396 fr.

On n'a pas tenu note de la production du fumier des deux lots, on l'a arbitrairement compté à la valeur de la paille, soit 0 fr. 02 c. par tête et par jour pour chaque lot.

Avec les données ci-dessus on peut établir de la manière suivante le compte argent des deux lots.

1° LOT N° 1.

	dépenses.		produits.	
	fr.	c.	fr.	c.
Produit à la vente de 12 moutons 716 k. poids vivant, 300 kilog. viande à (42 fr. 50 c. l'un, 0 71 c. le kil. vivant, 1 fr. 70 le k. de viande.)	»		510	»
Evaluation du fumier 1,080 journées à 0 fr. 02 c.	»		21	60
Estimation au début de l'engraissement 12 moutons, 626 poids vivant à (33 fr. l'un 0 fr. 63 le kil. vivant)	394	40	»	»
Résidus de fécul., 3,600 k. à 7f 50 les 1,000 k. 27f »	»	»	»	»
Menue paille, 264 k. à 29f » » 7f 60	»	»	»	»
Mauvais foin, 1,000 k. à 30f » » 31f 50	»	»	»	»
Tourteau, 30 k. à 14f » les 100 k. 4f 20	»	»	»	»
Avoine, 40 k. à 15f » » 6f »	»	»	»	»
Paille d'avoine, 720 k. à 30f » les 1,000 k. 21f 60	»	»	»	»
Total de la nourriture et de la litière, 1,080 journées à 09 c. 10. . . . . . . 98f 20	98	20	»	»
Soins et frais généraux, 1,080 journées à 01 c. 30 l'une	14	05	»	»
Balance en bénéfices.	24	95	»	»
Total égal.	531	60	531	60

1º LOT Nº 2.

	dépenses.		produits.	
	fr.	c.	fr.	c.
Produit à la vente de 12 moutons 683 kilog. poids vivant, 279 k. viande à (39 fr. 59 c. l'un, 0 fr. 69 le kil. vivant, 1 fr. 70 le h. de viande.)	»		474	30
Évaluation du fumier, 1,080 journées à 0f 02. . .	»		21	60
Estimation au début de l'engraissement 12 moutons, 624 kilog. poids vivant à (33 fr. l'un 0 fr. 63 le kil. vivant)	393	10	»	»
Résidus de distil., 3,600 k. à 12f les 1,000 k. 43f 20	»	»	»	»
Menue paille, 264 k. à 29f » 7f 60	»	»	»	»
Mauvais foin, 1,060 k. à 30f » 31f 80	»	»	»	»
Tourteau, 30 k. à 14f les 100 kil. 4f 20	»	»	»	»
Avoine, 40 k à 15f » 6f »	»	»	»	»
Paille d'avoine, 720 k. à 30f les 1,000 k. 21f 60	»	»	»	»
Total de la nourriture et de la litière, 1,080 journées à 11 c. 60 l'une. 114f 40	114	40	»	»
Soins et frais généraux, 1,080 journées à 1 c. 30 l'une	14	20	»	»
Balance en perte.	»	»	25	80
Total.	521	70	521	70

J'ai eu le tort de pousser trop loin, pour les deux lots que j'ai mis en expérience, l'économie du tourteau et de l'avoine, je suis aujourd'hui persuadé que si je les avais fait entrer pour une plus grande quantité dans la ration de mes animaux en expérience, je serais arrivé à un résultat financier meilleur que celui que j'ai obtenu.

Votre commission pense, Messieurs et chers Confrères, qu'il résulte des renseignements qu'elle a recueillis, que le procédé de distillation de M. Champonnois, sanctionné maintenant par deux années d'expérience, est d'une application peu coûteuse;

Que la fabrication à laquelle il donne lieu, est des plus simples;

Qu'il assure un bon épuisement de l'alcool, en laissant des pulpes très favorables à l'alimentation du bétail;

Qu'il peut, avec grand avantage, être appliqué dans les exploitations rurales.

Des esprits éminents se sont souvent préoccupés des moyens d'arriver à répandre dans nos campagnes les idées d'industrie, pensant qu'elles devaient développer chez nos ouvriers des champs, le goût de la science; qu'elles devaient leur faire comprendre les avantages des machines; qu'elles pouvaient les amener à améliorer les méthodes de culture qu'ils emploient et les conduire à perfectionner eux-mêmes les outils qu'ils sont habitués à manier; qu'elles avaient ainsi à devenir une source de progrès pour l'agriculture.

L'application du procédé de M. Champonnois, paraît à votre commission pouvoir être regardée comme un des moyens d'arriver à réaliser cette alliance intime de la science, de l'agriculture et de l'industrie, depuis si longtemps désirée; elle le considère comme méritant, principalement sous ce point de vue, tous vos encouragements.

DAILLY.

Voici maintenant la note publiée par M. Delafond, membre de la commission; elle fait suite au rapport de M. Dailly :

Notre honorable collègue M. Dailly vient de faire connaître à la Société la proportion de pulpe ou cossette macérée à la vinasse (1) et de matières alimentaires sèches : menue paille, fourrages naturels ou artificiels hachés, tourteau, etc., entrant dans la préparation fermentée avec laquelle on nourrit les vaches et les moutons plus particulièrement. Il nous reste à dire à la Société quelle est la température qui se maintient dans le mélange jusqu'au moment où on le sert aux animaux, et qu'elle est l'influence qu'apporte cette nouvelle alimentation sur la santé du bétail, la sécrétion du lait et l'engraissement.

Lorsque les morceaux de betteraves sortant du couperacine ont été macérés dans la vinasse bouillante et épuisés de la matière sucrée qu'ils renfermaient, la cossette humide ou la pulpe ainsi macérée est d'une température qui n'est pas moins élevée, assurément, que celle de l'eau bouillante. Cette pulpe est aussitôt mise en tas, et immédiatement mélangée de menue paille ou fourrages hachés, afin d'absorber le jus qui pourrait s'écouler. Elle est ensuite placée dans un compartiment isolé où le mélange est complété. La chaleur de la pulpe et celle qui s'y maintient pendant vingt à trente heures, conserve au mélange une température qui varie selon les soins qui ont été pris pour maintenir la fermentation et selon la proportion de menue paille, de fourrages hachés, de tourteau, etc., associés à la pulpe, et enfin selon les lieux où l'on opère. Quoi qu'il en soit, un thermomètre centigrade

(1) On entend ici par *vinasse* le jus de betterave épuisé d'alcool qui sort de l'appareil après la distillation.

étant placé dans plusieurs de ces mélanges, alors que la
fermentation s'y était établie et maintenue pendant le
temps ci-dessus indiqué et que la masse se montrait uni-
formément chaude et humectée, la température la plus
basse a été de 25° + 0, la plus haute de 40° + 0, et la
moyenne 33 à 35° + 0.

Lorsque la fermentation est bien établie, le mélange
avec les menues pailles répand une légère odeur de vino-
sité. Confectionnée avec des fourrages secs provenant de
prairies naturelles ou artificielles la préparation laisserait
échapper, au dire de plusieurs cultivateurs, un arome qui
rappellerait celui émanant des fourrages nouvellement
récoltés. Les vaches et les moutons mangent la préparation avec avidité.

M. Rabourdin, cultivateur à Contin (Seine-et-Oise), nous
a assuré que ses vaches nourries avec le mélange préparé à
la ferme de M. Petit de Champagne, son voisin, donnaient
autant de lait que lorsqu'elles étaient alimentées avec un
équivalent de betterave. La qualité du lait n'a pas été
changée. Les vaches examinées avec soin ont été trouvées
en très bonne santé, les muqueuses étaient rosées, la peau
souple et douce, les poils parfaitement lustrés. Les sécré-
tions cutanées se sont montrées à l'état normal. Les matières excrémentielles constituaient une purée épaisse.
Depuis quatre mois que les vaches mangeaient de ce
mélange, aucune d'elles n'avait éprouvé le plus faible
dérangement dans la digestion.

Chez M. Petit, les vaches ont été mises à l'engrais avec
le mélange, en y ajoutant, par tête et par jour, 2 kilog
de tourteau de colza concassé. Ces animaux ont été ins-
pectés le 9 avril et ont offert tous les caractères d'une
santé parfaite. Plusieurs vaches étaient engraissées d'une
manière remarquable. Les maniements étaient fermes; les
muqueuses bien rosées; la peau souple et très onctueuse.
Pendant le cours de l'engraissement, elles n'ont éprouvé
ni diarrhée, ni constipation, ni météorisation.

Chez le même cultivateur, 300 métis-mérinos ont été
engraissés par le mélange de pulpes dont il a été question.
Nous avons trouvé tous ces animaux en bonne graisse. Les
maniements étaient fermes; les muqueuses d'un beau
rose; les excréments d'une consistance moyenne; la peau
se montrait douce et grasse; la laine blanche, brillante et
résistante.

Des agneaux de 20 à 30 mois, nés chez M. Petit et al-
laités par leur mère, nourries avec ce mélange, puis après
le sevrage sustentés eux-mêmes avec l'alimentation des

mères, étaient très beaux et bien gras. MM. Pommier et Delafond, dans la visite qu'ils ont faite à la ferme de Bresles, dirigée avec une si grande intelligence par M. Bette, se sont assurés que les vaches et les moutons entretenus et engraissés avec la pulpe pressée et fermentée en silos n'étaient pas dans un état plus parfait de santé et d'engraissement que ceux de MM. Petit et Rabourdin, nourris avec le mélange de pulpe macérée au jus de betterave épuisée, dit vinasse.

Chez M. Bonfils, cultivateur, à Montgeron, quatre taureaux âgés de 18 à 20 mois, et de race normande, appartenant à un marchand de vaches, amenés fatigués par une longue route et portant un long poil d'hiver, après avoir mangé par jour et par tête, depuis un mois, 75 kilog. de pulpe associés à 4 kilog. de menue paille, ont été trouvés ayant le poil frais, court, lisse, la peau souple, les muqueuses rosées et présentant tous les caractères d'une excellente santé. Les excréments étaient d'un vert noirâtre et en purée épaisse. Ces animaux urinaient fréquemment.

Les vaches du même cultivateur, au nombre de 18, et de race flamande, nourries depuis 5 mois avec un mélange composé de 60 kil. de pulpe macérée à la vinasse, 4 kil. de menue paille de blé mal nettoyée, 2 kil. 500 grammes de mauvais regain de trèfle et 4 kil. de paille, sont très bien portantes; le lait qu'elles donnent depuis qu'elles sont soumises à cette nouvelle alimentation n'a pas varié en quantité. Dans ce moment ce lait est soumis à une analyse que nous ferons connaître plus tard à la société.

L'analyse chimique ayant démontré que la cossette traitée par la vinasse renferme de 87 à 90 p. 100 d'eau, une notable proportion d'albumine, de matière grasse, de cellulose et de ligneux, des acides organiques, un peu de sucre, d'après M. Clerget, et enfin des matières salino-terreuses provenant de la betterave, cette cossette humide traitée par la vinasse, ainsi que l'a si bien démontré notre honorable collègue M. Payen, n'a perdu que sa matière sucrée dans l'opération qu'on lui a fait subir. Nous devons faire remarquer aussi que la proportion d'eau que contient cette cossette ainsi traitée est à peu près semblable à celle de la betterave.

La cossette traitée par la vinasse est donc de la betterave ne renfermant qu'une très minime quantité de sucre; mais contenant encore toutes les autres matières organiques de la racine, plus des acides organiques et des matières salino-terreuses. La fermentation qui s'établit avec le mélange des menues pailles, fourrages hachés, tourteaux, etc., renferme, en outre, une certaine quantité d'alcool, et peut-être aussi des huiles volatiles, provenant des fourrages et des tourteaux de colza. Enfin, les plantes et notamment les tourteaux y apportent une très notable proportion de matière grasse.

Les mélanges dont nous nous occupons, faits dans des proportions raisonnées et bien calculées, de cossettes et de matières desséchées, en tenant compte de l'âge, de l'espèce, de la race, des caractères apparents de la santé, de l'état des femelles portières ou nourrices, pourront donc toujours fournir une alimentation convenable pour lester les estomacs des ruminants sans les surcharger, procurer ce qui est nécessaire à la construction de l'édifice animal, à la conservation de la santé et à l'engraissement du bétail. Permettez-nous, Messieurs, de chercher à justifier ces assertions.

Et d'abord, le mélange fermenté renfermant une notable quantité d'eau se trouve dans les conditions nécessaires à la nourriture des ruminants; il nécessite l'action des mâchoires et provoque une salivation suffisante pour faciliter la rumination et la digestion. Il parvient dans le rumen ou la panse avec la température de 30 à 45° $+$ 0, ou presqu'à la température du corps, et ainsi ne refroidit point les viscères digestifs Il n'a donc pas l'inconvénient des matières alimentaires sèches, qui réclament une salivation toujours abondante, et qui ont besoin d'être réchauffées dans le rumen. Sous ce rapport, les mélanges faits avec la cossette à la vinasse nous paraissent donc devoir être préférés à la betterave, aux navets, aux carottes, aux pommes de terre, servis crus et non fermentés, aux bestiaux.

Nous pensons devoir faire remarquer aussi, condition importante, que la matière alimentaire ainsi préparée et fermentée ramollit et imprègne les substances sèches telles que les balles, les siliques, les feuilles, les tiges, les graines qui deviennent ainsi plus faciles à ruminer et à digérer. Nous ajouterons aussi que les acides acétique, lactique, pectique de la vinasse, nous paraissent devoir favoriser la digestion et partant la rendre plus prompte et plus profitable. Nous devons dire enfin que les animaux, trouvant dans la préparation fermentée la quantité d'eau presque suffisante pour prévenir la soif, ne boivent presque point et qu'ainsi ils se trouvent dispensés d'introduire dans leur estomac une quantité d'eau froide toujours considérable et d'autant plus grande que la matière alimentaire est plus sèche. Or, ces ingestions d'eau froide, en refroidissant le

rumen et le surchargeant, causent fréquemment des indigestions terribles et trop souvent mortelles.

On comprendra donc facilement pourquoi les ruminants,
n'éprouvant point avec l'alimentation composée de pulpe
cuite et macérée dans la vinasse, de ces indigestions si graves qui se développent chez les animaux qu'on alimente
avec les menues pailles sèches et les fourrages artificiels
parfois mal récoltés et échauffés pendant l'emmagasinage,
se maintiennent en bonne santé et engraissent avec facilité.

L'observation a démontré que les bêtes bovines et ovines qui, pendant l'hivernage, sont presque constamment
nourries avec des aliments secs, succulents et échauffants,
sont très fréquemment frappées, parfois en grand nombre,
de la maladie cruelle, connue vulgairement sous le nom
de sang de rate. Vos commissaires osent espérer que l'alimentation humide et fermentée provenant des mélanges
dont il a été question, pourra préserver les bestiaux de
cette désastreuse maladie ; ils espèrent également que si,
comme on est en droit de l'attendre, les mélanges fermentés peuvent être conservés en silos jusqu'au moment des
nouveaux verts, les animaux ne subissant plus alors le
passage trop souvent brusque d'une nourriture sèche, parfois servie avec parcimonie, à une alimentation fraîche,
abondante, alibile, pourront être préservés des coups de
sang hémorrhagique, si fréquents et si terribles, qui frap-
pent, au retour de la belle saison et pendant l'été, les
moutons et les bêtes bovines des bons pays de production,
tels que la Beauce, la Brie, la Champagne, les environs
de la capitale, le centre et surtout le midi de la France.

Nous ne devons pas oublier de dire, en terminant, qu'un
certain nombre de cultivateurs redoutent qu'en donnant
pendant plusieurs mois aux animaux de la pulpe macérée
à la vinasse, ils ne soient susceptibles d'être atteints des
maladies dues à un excès d'eau introduit dans l'organisme.
Votre commission n'a eu à signaler aucune de ces maladies dans les divers établissements agricoles qu'elle a visi-
tés. Elle doit dire, cependant, que si la cossette humide
est donnée à trop forte ration, et que si, surtout, on ne lui
associe pas une proportion suffisante d'aliments secs et
succulents propres à absorber la quantité d'eau qu'elle contient et à corriger ses effets débilitants, il pourrait en résulter de graves inconvénients pour la santé du bétail, et
il ne serait pas impossible qu'il ne fût bientôt atteint de la
pourriture, de maladies vermineuses et pédiculaires, et
que, chez les moutons, la laine devînt cassante, terne et facile à arracher. Mais empressons-nous de dire que si les

cultivateurs s'attachent à consulter l'état de santé du bétail avant de le soumettre à l'usage de la pulpe, et s'ils associent à cet aliment, selon l'âge, l'espèce, la race, l'état de maigreur ou d'embonpoint des bestiaux, et les dépenses faites par la sécrétion du lait chez les femelles, laitières ou nourrices, une proportion convenable d'aliments secs, et, dans certaines circonstances, une ration de sel marin en poudre, ils les conserveront certainement en bonne santé et les engraisseront avec facilité et économie.

DELAFOND,

Membre de la Société impériale et centrale d'agriculture,
et professeur à l'École vétérinaire d'Alfort.

NOTES EXPLICATIVES.

MAIN-D'ŒUVRE.

Cette dépense a été généralement cette année plus élevée qu'elle ne doit l'être par la suite, d'abord en prix et aussi en nombre d'ouvriers employés, et cela se conçoit.

Les cultivateurs, généralement étrangers à ce genre de fabrication, et ne pouvant y donner qu'une surveillance très restreinte, ont cru devoir s'adresser à des hommes spéciaux, qui, en raison du déplacement que cela leur occasionnait et des nombreuses sollicitations qu'ils recevaient, ont élevé leurs prétentions.

Mais ce que l'expérience leur a appris, c'est que tous les détails de manipulation sont très accessibles à tous les ouvriers des fermes, et que le salaire ordinaire doit suffire pour ce travail facile, qui leur assure de l'occupation pour tout l'hiver, et qu'ensuite le nombre doit se réduire à trois, pour une distillerie de l'importance de celle de M. Dailly. — Déjà cela a lieu dans plusieurs distilleries, et c'est une garantie de plus d'exactitude et de régularité dans les opérations.

COMBUSTIBLE.

La dépense en combustible a peu varié; elle est presque généralement ce qu'indique M. Dailly dans son application. Cette dépense est d'environ 40 kilog. de houille par 1,000 kilog. de betteraves, et se subdivise dans les deux opérations de chauffage en :

26 kil. pr la distillation proprement dite
et 14 kil. pour le réchauffage des jus faibles.

Divers essais ont été faits dans les derniers temps de fabrication dans le but de supprimer cette seconde opération. Ils ont été très satisfaisants et font espérer que cette dépense de combustible n'aura plus lieu, au moins sous les températures ordinaires, et qu'en la conservant seulement pour les temps les plus froids, la moyenne de la dépense totale se réduira facilement à 30 kil. par 1,000 kil. de betteraves. Pour atteindre ce résultat, il suffit d'obtenir une division convenable, et surtout régulière, de la betterave. Les instruments employés jusqu'ici à cet usage laissent encore à désirer sous le rapport de leur construction et de leur mode d'action. Mais l'influence de cette opération sur les résultats, stimule les recherches, et il n'est pas douteux qu'on ne réussisse bientôt à trouver un instrument qui remplisse parfaitement toutes les conditions désirables. Et alors avec une division régulière, l'action des vinasses, qui est si énergique par les acides et aussi probablement par les autres substances qu'elles renferment, effectuera régulièrement et exactement la macération à des températures, qui pourraient même être plus basses que celles où on l'emploie ordinairement.

ACIDE SULFURIQUE.

Quoique d'un faible intérêt comme dépense, cet article pourra encore subir une réduction notable et même sera peut-être abandonné complétement, quand les ouvriers, plus familiarisés avec la conduite des fermentations continues, en exécuteront plus rigoureusement tous les détails.

Les grandes différences dans les proportions qui ont été employées confirment les indications que j'avais données, que cet agent ne doit entrer dans la fabrication qu'accessoirement, comme la levure, ou qu'en doses plus restreintes que celles en usage généralement.

Ainsi, les proportions qui ont été employées dans les fabriques dont parle le rapport, varient de demi à deux et demi par mille ; ces proportions ont même été portées beaucoup plus haut dans d'autres qui n'ont pas été visitées, et dans d'autres aussi, l'acide a été complétement exclus.

Une observation qui jette un grand jour sur la fonction des acides, c'est que les distilleries où l'on a été amené à exagérer les proportions de cet agent, étaient précisément celles où la betterave était le moins riche en sucre, soit par son espèce fourragère, soit par l'excès ou la nature des engrais qui avaient été employés à sa culture.

Que conclure de ces rapprochements, si ce n'est que le principal rôle de l'acide est d'agir sur les sels ou les matières organiques azotées, qui, à l'état libre et en présence du sucre, développent des ferments et ces décompositions nitreuses, glaireuses ou lactiques qu'on veut éviter ? Donc la proportion d'acide *n'est nullement commandée par celle du sucre, mais bien plutôt par les proportions des matières étrangères.*

Les sels neutres ou acides qui agissent énergiquement comme déféquants, n'ont pas par leur excès les défauts de l'excès des acides, tout en mettant les jus dans les meilleures conditions d'une bonne fermentation alcoolique.

Cette fonction des sels bien établie, on comprend tout le parti qu'on peut en tirer, sinon pour supprimer complétement l'acide, au moins pour en réduire considérablement l'emploi en fixant d'ailleurs ces doses à une proportion minime, suivant la nature des betteraves, et l'employant particulièrement, comme cela s'est pratiqué dans plusieurs distilleries, au lavage des cuves.

Les sels qui ont été employés sont le sel marin, l'alun, les sulfates de fer et les sulfates de chaux. Une pratique qui a parfaitement réussi dans plusieurs distilleries, a été de répandre et asperger sur les tranches fraîches le dépôt boueux des cuves additionné de sel marin. Une autre bonne opération, pour épurer et éclaircir les vins après la fermentation, a été d'y ajouter deux millièmes environ de plâtre en poudre ou d'un des sulfates ci-dessus; le vin s'éclaircit, et les matières en suspension se précipitent rapidement.

Voici, du reste, ce qui s'observe dans cette opération : le vin, éclairci par cette précipitation, se comporte mieux dans l'appareil et n'obstrue pas les capacités; les surfaces des condenseurs fonctionnent mieux et le goût des produits est amélioré ; la petite portion de sulfate en dissolution réagit à la température de l'ébulition sur les sels et les substances extractives qui ne sont pas précipitées et produit une défécation en épurant les vinasses et les rendant plus sèches, et le dépôt des cuves, mis en contact avec les tranches aussitôt leur division, produit sur le jus, à sa naissance, une réaction utile et le prédispose à la fermentation, qui se développe aussitôt qu'il entre dans la cuve en pleine activité.

QUALITÉ DES PRODUITS.

On a élevé des doutes sur la possibilité d'obtenir, par mon procédé, des produits aussi fins que par le travail des presses ou la macération à l'eau, et l'on a appuyé cette prétention sur une théorie peu en rapport avec les lois qu'on invoquait. Ainsi, on a dit et publié que la vinasse contenant les sels alcalins de la betterave devait se combiner avec les principes aromatiques ou les huiles essentielles, en formant des savonules qui, dissous et entraînés dans la fermentation, puis dans la distillation, se décomposaient pour laisser les huiles devenues libres se mélanger au produit alcoolique et l'infecter.

Pour qu'il y ait formation de savonules alcalins, il faut supposer des alcalis libres, et il ne peut exister de fermentation alcoolique en présence de ces agents; ils sont toujours combinés à des acides et même en excès, car il n'y a pas de fermentation sans développement d'acide.

Loin de trouver dans le raisonnement et dans la théorie des motifs pour légitimer cette objection à la qualité des produits, on est, au contraire, amené à la conclusion opposée; car où peut être l'origine des principes odorants qui existent dans les produits distillés, si ce n'est dans les matières organiques de la betterave, mélangées au sucre dans le jus et qui le suivent dans toutes les opérations de la fermentation et de la distillation? Mais les jus de macération sont infiniment plus purs que les jus de presse; ils ne donnent pas à la fermentation le dixième du dépôt boueux de ces derniers; donc toutes les présomptions sont en leur faveur, car si le jus ne contenait que le sucre pur de la betterave, il ne pourrait, par quelque décomposition qu'on lui fît subir, donner des produits dérivant de substances étrangères; donc encore, les jus de macération, plus purs que les jus de presses, doivent donner des eaux-de-vie moins chargées de l'odeur particulière à la betterave.

Mais ce qu'il y a de plus concluant et ce qui répond à toutes suppositions, c'est que toutes les eaux-de-vie fabriquées par la macération à la vinasse ont été vendues aux rectificateurs au cours des produits similaires, sans distinction de provenances et plutôt avec faveur sur celles des autres systèmes. Et pour ne citer qu'un fait entre tous, M. Massez, cultivateur en Belgique, a fait rectifier ses eaux-de-vie à Gand aux conditions suivantes : il livrait au rectificateur deux hectolitres alcool à 50 degrés, plus 5 fr. en argent, et on lui rendait un hectolitre à 94 degrés de fin goût et d'une vente facile. Cet exemple prouve mieux que tout autre que la proportion de mauvais goût n'était pas grande et que la rectification est facile.

⸺

CONSERVATION DE LA PULPE.

On a aussi émis des doutes sur les chances de conservation des résidus, en s'appuyant de raisonnements qui n'étaient fondés pas plus en théorie qu'en aucune application analogue.

Cependant on sait, ou on doit savoir, que les résidus de l'ancien travail de macération à l'eau se conservaient facilement; on sait que même les drèches de brasseur, soumises à cette condition, s'y prêtent aussi facilement. Quelle différence dans les résidus de ce nouveau système, pourrait donc faire obstacle à un résultat semblable? Ils contiennent bien toutes les matières extractives de toute nature qui sont des matières altérables, mais ils contiennent aussi les sels et des acides organiques qui sont des agents de conservation ; donc ils sont dans le même état que toutes les substances végétales soumises à ces conditions, ils ressemblent en tout enfin aux pulpes de sucreries qui ont séjourné quelque temps en silos.

Mais encore, et dans cette question comme dans celle qui précède, l'expérience est le souverain juge.

Ainsi l'essai de conservation, pratiqué par M. Lalouël de Sourdeval et cité dans le rapport, pourrait suffire pour fixer cette question ; mais il nous a encore été signalé plusieurs autres résultats semblables ; nous en citerons un :

M. Durot, cultivateur à Bersée (Nord), m'écrit que chez lui, ainsi que chez plusieurs cultivateurs voisins, auxquels il a vendu des résidus, il y en a eu plus de cent mille kilog. en conserve, soit pur, soit en mélange de paille hâchée ; ce résidu est blanc et a une odeur des plus appétissantes ; il est recherché de six lieues à la ronde et par des voisins de sucreries qui travaillent par la macération à l'eau, les cultivateurs qui en ont conservé les estiment plus de 15 fr. les 1,000 kil.

RENDEMENT.

Le rendement qui a varié entre 3 et 4 p. 100 avec toute espèce de betteraves et pour la plupart, de l'espèce disette, a été, dans quelques distilleries, jusqu'à 5 pour 100. M. Dailly lui-même a eu pendant son dernier mois de fabrication un rendement de 4-65, et ce taux moyen a été assez communément obtenu lorsqu'on traitait des betteraves de bonne qualité. Cependant, chez M. Dailly, les travaux étaient conduits par des ouvriers jusqu'alors étrangers à ce genre d'industrie, et l'on ne peut guère douter que le rendement moyen ne s'élève d'une manière notable, pour la campagne prochaine, à l'aide de ces mêmes ouvriers, plus familiarisés avec les soins qu'exige cette fabrication, et aussi avec les améliorations que l'expérience a déjà indiquées.

FERMENTATION CONTINUE.

Ce nouveau mode de fermentation, signalé dans le rapport pour tous les avantages qu'il procure au travail par sa facilité dans la conduite et l'exactitude des résultats, a été d'une influence sensible dans le rendement ; aussi il a suffi à toutes les personnes familiarisées avec l'ancien traitement des cuves, de voir cette marche régulière des fermentations, pour en apprécier toute la valeur. Ainsi, au lieu de cette lenteur et de cette indécision dans la mise en train de la fermentation, et sur la fin, cette exaspération qu'on a de la peine à régler, le mouvement dans la cuve, est constamment régulier, sur la fin comme dans le commencement, parce que tous les éléments qui président à ces transformations sont toujours les mêmes : force initiale, température, richesse en sucre et en ferment naissant et actif ;

aussi, décomposition complète du sucre et produit constant et régulier.

La fermentation continue est nécessairement appelée à se substituer complétement à l'ancien mode, dans la grande comme dans la petite fabrication, pour les grains comme pour les betteraves, et enfin pour tous les moûts sucrés de quelque espèce et de quelque nature qu'ils soient. L'expérience en a été acquise et la supériorité démontrée dans plusieurs applications en grand et notamment dans la belle exploitation de Bresles, si intelligemment dirigée par M. Hette. Appliquée au jus de presses, comme aux mélasses provenant de la fabrication du sucre, elle a donné des résultats que n'a pu atteindre aucune des fabriques similaires se servant de l'ancien mode de fermentation.

Elle se prête également à toute combinaison que pourraient nécessiter des dispositions d'outillage, comme des natures particulières de produits que l'on voudrait distinguer et séparer, c'est-à-dire opérer par cuve distincte et sans coupage. Il suffit de mettre en levain la première partie de jus admis dans une cuve et de régler l'écoulement du jus nouveau pour obtenir la fermentation dans les conditions normales : ainsi, on peut couler sur une ou plusieurs cuves, de manière que l'admission du jus soit en rapport avec l'importance et l'activité de la masse en fermentation.

APPLICATION A LA GRANDE INDUSTRIE.

Une opinion accréditée chez les fabricants de sucre qui ont converti leur établissement en distillerie, et chez les distillateurs qui ont monté cette fabrication sur une grande échelle, c'est que ce mode de macération ne leur est pas applicable.

Il est difficile de se rendre compte de ces préventions, car il y a trop d'analogie dans tous les modes de macération employés, pour que ce nouveau moyen puisse être regardé comme impraticable en grand.

La seule objection qui parut avoir quelque apparence de fondement, consistait dans la grande masse de résidus que l'on obtient et dans la difficulté qu'il pouvait y avoir à s'en débarrasser, si la qualité ne répondait pas à ce qu'on promettait.

En effet, plusieurs grands établissements ont macéré à l'eau, avec un matériel de formes et de dispositions bien diverses, car cette opération, dont le principe est simple, peut se prêter à toutes les combinaisons. Réduit à sa plus simple expression, cet outillage se compose d'un certain nombre de cuviers plus ou moins grands, assemblés au moyen de tuyaux et robinets de différentes formes, dans le but de simplifier ou de régulariser le travail.

Toute l'opération consiste à remplir ces cuviers, de betterave plus ou moins divisée, et de faire filtrer à travers, un liquide quelconque plus ou moins chaud, afin d'effectuer le déplacement du jus sucré de la betterave, ou autrement dit la macération ; mais que ce liquide soit de l'eau ou de la vinasse, le travail est le même, les résultats seuls sont différents.

Ce n'est donc pas sur ce point que pouvaient porter les doutes, car tous les industriels qui se sont occupés de cette question, sont certainement bien à même de la juger ; mais restait, comme nous venons de le dire, l'objection sur l'emploi de ces grandes masses de résidus obtenus par la macération, résidus dont la qualité nutritive n'était pas encore appréciée, et l'on pouvait craindre qu'on ne leur assignât une valeur moindre que ceux provenant des presses et qui sont très en usage chez les cultivateurs.

Aujourd'hui ces doutes sont levés ; les qualités alimentaires et hygiéniques de ces résidus sont bien constatées, et il n'y a pas plus de difficultés à cette application en grand qu'en petit ; car les éléments de consommation sont les mêmes que ceux de production, le producteur étant également le consommateur. Il n'en coutera, en effet, pas plus au fermier, qui peut fournir et conduire à la fabrique, un million de kilog. de betteraves, de prendre en contre voyage un poids à peu près égal de résidus. La proportionnalité existe donc entre la grande et la petite fabrique pour les moyens de consommation comme pour ceux de production.

Il ne reste maintenant aucun point essentiel que l'expérience n'ait déterminé. Rendement beaucoup plus considérable en résidus, valeur alimentaire bien constatée et par conséquent vente facile et avantageuse, conditions qui toutes sont bien appréciées aujourd'hui.

Aussi, plusieurs grands établissements s'occupent de substituer mon procédé à leurs rapes et presses ou à la macération à l'eau, parce qu'ils ont reconnu que c'était le seul moyen de se soutenir encore, lorsqu'il y aura abaissement du prix, et d'utiliser un matériel qu'ils se voyaient à la veille d'abandonner.

On peut entrevoir dès aujourd'hui que cette nouvelle industrie porte en elle-même un élément de progrès qui, loin de nuire à la grande fabrication, doit au contraire la favoriser et aider au développement de la production du sucre, en faisant rentrer cette dernière industrie, dans une condition plus agricole que celle qu'elle occupe maintenant, c'est-à-dire en rendant à l'agriculture tous les services qu'elle lui avait promis.

On se rappelle quelles étaient les bases de l'industrie sucrière à sa naissance ; ses progrès étaient liés à ceux de la ferme et les considérations agricoles avaient la plus grande part dans cette exploitation.

Parmi les motifs qui l'ont détournée de sa véritable voie, celui qui a eu le plus d'influence pour l'éloigner de l'agriculture, pour en faire une fabrication purement industrielle, c'est, sans contredit, la nécessité d'un outillage commandé par les conditions actuelles de fabrication et les difficultés de plusieurs sortes qu'on y rencontre. On peut citer, en première ligne, l'extraction du jus, soit sous le rapport de la force motrice qu'il exige, soit sous celui du matériel dispendieux qu'il entraîne, en presses hydrauliques, claies, sacs et frais d'entretien et de personnel, et tout cela pour obtenir 75 à 80 p. 100 d'un jus plus ou moins altéré par toutes ces manipulations.

Que n'a-t-on pas cherché pour réduire ces frais et éviter les altérations que la lenteur de cette opération et le contact de l'air sur toutes les immenses surfaces auxquelles est exposé le jus, lui font éprouver ? Après avoir épuisé toutes les ressources de la mécanique pour obtenir une pression continue et instantanée, on satisfaisait bien, au moyen de presses à cylindres, à plusieurs conditions, la suppression de l'outillage des presses hydrauliques, claies et sacs, et leur influence nuisible dans la qualité du jus, mais on n'obtenait manufacturièrement que 50 à 60 p. 100 de jus.

Agissant dans un autre ordre d'idées et pour obtenir un épuisement plus complet de la pulpe, on a employé la macération à l'eau chaude ou froide, tous moyens qui avaient pour inconvénient de sacrifier complètement la pulpe. Voilà où en est la fabrication et voilà aussi les motifs qui l'éloignent de l'agriculture, en la centralisant dans de grands établissements qui peuvent se pourvoir de tout l'immense matériel que ce travail exige, ou qui font le sacrifice de l'intérêt agricole en perdant les résidus par leur lavage à l'eau.

Toute combinaison qui viendrait modifier ces conditions et retirer à ces coûteux outillages, les avantages qu'ils possèdent, serait donc une bonne fortune pour la fabrication moyenne, en la fixant davantage dans l'agriculture.

Mon procédé de macération permet cette combinaison, et il me sera facile en quelques lignes d'en faire comprendre l'application et les avantages.

Il suffit de substituer aux presses hydrauliques, des presses à cylindre, en ne leur demandant en jus que ce qu'elles peuvent produire, 50 à 60 p. 100 du poids de la pulpe, et de macérer le reste.

Le jus obtenu pour le sucre, aura toutes les qualités qu'on recherche, à cause de la rapidité de l'extraction, qui l'affranchit de toute altération, et la pulpe, débarrassée d'une grande partie du jus, d'une filtration et macération faciles, sera envoyée à la distillerie.

Ainsi, d'une part, râpage grossier ou n'ayant pas besoin de toute l'exactitude qu'exige l'ancien travail, suppression de tout l'outillage, presses hydrauliques, sacs et de tout l'entretien et de la main-d'œuvre qu'il nécessite, conservation au jus de toutes ses qualités.

D'autre part, épuisement complet de la pulpe en alcool et conservation sur la ferme de la presque totalité de la matière nutritive de la betterave et même des sels, par le retour à la distillation, de toutes les mélasses de fabrication.

Enfin, frais d'établissement et de manipulation réduits, et transformation en sucre et alcool de tout ce que contient la betterave.

PRIX DES ALCOOLS

3/6 Montpellier sur la place de Paris, de 1803 à 1854, période de 52 années.

Le prix des alcools doit nécessairement exercer une grande influence sur leur fabrication. Il est sans doute très difficile de prévoir et de déterminer quels devront être les cours à venir de cet article. Les causes qui peuvent en faire varier la valeur sont trop nombreuses et trop éventuelles ; mais il est hors de doute que l'emploi des alcools, dans l'industrie, tend sans cesse à s'élargir, et que d'autre part, une utilisation plus rationnelle des produits de nos magnifiques vignobles du Midi, diminuera d'une manière notable la production des 3/6 de vin.

Quoiqu'il advienne à cet égard, j'ai cru utile de faire connaître les cours des 3/6 Montpellier, sur la place de Paris, depuis et compris l'année 1803, époque la plus éloignée dont les cours ont été à ma disposition.

Il résulte de ce travail, divisé en cinq périodes décennales, que les prix officiels du 3/6 ont été à Paris :

De 1803 à 1812, tous deux compris,	1re période,	122 fr.	67	l'hect.
1813 à 1822	—	2e	—	166	57	—
1823 à 1832	—	3e	—	84	83	—
1833 à 1842	—	4e	—	77	07	—
1843 à 1852	—	5e	—	79	17	—
En 1853 et 1854.				177	26	—
Prix moyen des 52 années, de 1803 à 1854.				108	80	—

P.-S. Au moment de livrer cette notice à l'impression, nous avons connaissance du discours prononcé par M. Darblay, membre du Corps-Législatif, président du Comice agricole de Seine-et-Oise, au concours d'Étampes, le 10 juin 1855.

Étampes est avec Chartres le point où viennent s'échanger tous les produits de la Beauce. M. Darblay, avec toute l'autorité de son nom et de sa parole, a donc pu jeter un regard sur l'agriculture beauceronne et donner aux cultivateurs de cette belle contrée de salutaires conseils.

Voici en quels termes il les formulait :

« Les deux bases fondamentales de la production agricole, c'est le blé et la viande. Par l'entretien du bétail, on obtient plus d'engrais, par le judicieux emploi de ces engrais, on obtient plus de céréales.

« Jusqu'à présent (pourquoi ne le dirions-nous pas, puisque nous sommes ici pour nous entretenir de nos intérêts et de nos espérances) jusqu'à présent, peut-être l'agriculture de la Beauce est restée trop attachée à l'ancien assolement triennal ; elle n'a peut-être pas parfaitement compris le lien intime qui rattache la production du blé à celle du bétail.

« La Beauce, je le sais, a de nombreux troupeaux, mais elle suit pour leur entretien un régime qui doit être amélioré ; elle n'a peut-être pas non plus la race d'animaux qui convient le mieux aux besoins nouveaux de la société. La tenue du bétail y repose, ce nous semble, un peu trop sur le pâturage et sur la nourriture échauffante, dont le trèfle est la base presque unique et qui n'est pas tempérée par l'emploi judicieux des racines.

« J'ai prononcé le mot, Messieurs et chers compatriotes, les racines ! tel est le levier qui doit donner une impulsion nouvelle à la production de vos riches plaines. Par cette culture intelligemment dirigée, vous supprimez la jachère, et, chose providentielle, vous parvenez à mieux nettoyer vos terres, à les purger des plantes parasites, vous détruisez le chiendent, ce fléau du cultivateur, qui résiste à tous autres moyens d'attaque et qui prend si fatalement une partie de la nourriture que vous destinez à vos céréales.

« Parmi les racines que les agriculteurs du nord de l'Europe et de la France ont introduites dans leurs assolements, la betterave tient le premier rang. Sa culture est facile et peu coûteuse ; elle vous donne pour l'hiver une nourriture abondante, une nourriture suffisamment aqueuse pour tempérer l'action des fourrages secs, notamment du trèfle, riche plante, mais dont il ne faut pas faire abus ; employez la betterave, vous verrez disparaître ces effrayantes mortalités qui déciment presque périodiquement vos troupeaux !

« Vous savez comment cette racine se traite aujourd'hui ; on ne la donne pas crue au bétail ; on la macère, on la distille dans la ferme même, et le produit fermenté de ce travail très simple, et sur lequel des membres de ce Comice peuvent vous donner des renseignements pratiques, vous permet d'obtenir pour vos animaux une nourriture excellente et à bon marché.

« En y mêlant dans des proportions connues des fourrages, des pailles hachées et des tourteaux, vous pouvez conserver la santé de vos troupeaux d'élève, engraisser avec profit les animaux que vous destinez à la boucherie, et augmenter dans de fortes proportions la quantité et la qualité de vos engrais. »

Paris.—Imp. Preve et Cⁱᵉ, r. J.-J.-Rousseau, 15.

Depuis que M. Darblay, avec toute l'autorité de sa parole, donnait ces sages conseils aux cultivateurs de la Beauce, la Société Impériale et Centrale d'agriculture sanctionnant les conclusions du rapport de M. Dailly, distribuait, dans sa séance du 29 août dernier, les récompenses les plus élevées à M. Champonnois et aux cultivateurs dont les distilleries avaient pu être visitées par la Commission spéciale.

Nous empruntons au *Moniteur universel* le compte-rendu de cette solennité.

(*Moniteur universel du 30 août 1855.*)

La Société impériale et centrale d'agriculture a tenu, le 29 de ce mois, sa séance générale annuelle pour la distribution des prix et récompenses affectés aux différents concours indiqués dans son programme.

M. Yvart, président, a informé l'assemblée des motifs qui empêchaient M. le ministre de l'agriculture, du commerce et des travaux publics, de se rendre à la séance.

La parole a ensuite été donnée à M. Payen, secrétaire perpétuel, pour le compte-rendu général des travaux de la Société, depuis la dernière séance générale. Ce rapport très substantiel a captivé l'attention de l'auditoire.

Les prix ont ensuite été distribués sur les conclusions des membres rapporteurs, dans l'ordre suivant :

Rapports sur le concours pour les améliorations agricoles pour l'application, dans les fermes, du procédé de M. Champonnois, relatif à la distillation de la betterave. (MM. Dailly, Delafond, de Gasparin, Pommier, Louis Vilmorin, Pepin, rapporteurs.)

Grande médaille d'or à M. Champonnois (Seine).

Médailles d'or, à l'effigie d'Olivier de Serres, à MM. Charles Petit, cultivateur, à Champagne, près de Savigny (Seine-et-Oise);
Godefroy, à Villeneuve-le-Roi, près Choisy (Seine-et-Oise);
Michaux, maître de poste, cultivateur, à Bonnières (Seine-et-Oise);
Christofle, propriétaire, à Brunoy (Seine-et-Oise);
Chertemps, cultivateur, à Rouvray (Seine-et-Marne);
Freville, à Soindres, près Mantes (Seine-et-Oise);

Léon Muret, à Berny (Seine) ;
Poinsot et Boutin, fabricants, à Grenelle (Seine);
D'Herlincourt, député, propriétaire, à Éterpigny, près d'Arras (Pas-de-Calais) ;
Bouault, directeur de la ferme-école de Villechaise (Indre);
De Sourdeval, propriétaire, à Nérondes (Cher) ;
Baron, chez M. Dailly, à Trappes (Seine-et-Oise).

Médailles d'or, à l'effigie d'Olivier de Serres, par rappel de médailles d'argent, à MM. René d'Huicque, à Brégy (Oise) :
Allier, directeur de l'établissement agricole de Petit-Bourg (Seine-et-Oise) ;
Huot, de Troyes (Aube).

Médaille d'argent à M. Cazal, à Paris, qui a monté l'usine de M. Christofle.

Grande médaille d'or à M. Hette, régisseur, à Bresles (Seine-et-Oise), pour les améliorations apportées dans l'exploitation agricole qu'il dirige, et l'introduction de plusieurs industries annexes des fermes.

Prix de 1,000 fr. au même, pour l'utilisation des débris des animaux morts.

Grande médaille d'or à M. Decrombecques, propriétaire, à Lens (Pas-de-Calais), pour les améliorations réalisées dans son exploitation agricole, et notamment pour la tenue de ses étables.

Médaille d'argent à M. Crussard, propriétaire, à l'Ermitage de Sixt (Ille-et-Vilaine), pour les améliorations qu'il a introduites dans la culture de son domaine.

Médaille d'or de 500 fr. à M. Flanet, à Mongeroult (Seine-et-Oise), pour travaux relatifs à la culture de l'Aracatcha.

Grande médaille d'or à M. de Montigny, consul à Shanghaï, pour introduction de plantes potagères et autres, cultivées en Chine.

Médaille d'argent à la dame Poirel, fermière à Trilport (Seine-et-Marne), pour culture perfectionnée du *taraxacum dens leonis* (pissenlit.)

Médaille d'or à l'effigie d'Olivier de Serres, à M. Boursier de la Rivière, consul en Californie, pour introduction d'arbres résineux de ce pays.

Rapport sur le concours pour des observations et des ouvrages de médecine vétérinaire pratique. (M. Huzard, rapporteur.)

Médaille d'or de 500 fr. à M. Charlier, vétérinaire, pour son travail sur la castration des vaches.

Médaille d'or, à l'effigie d'Olivier de Serres, à M. Poncel, vétérinaire, pour son mémoire sur les bêtes bovines de la province d'Oran.

Rapport sur les travaux de pisciculture. (M. Valenciennes, rapporteur.)

Médaille d'or, à l'effigie d'Olivier de Serres, à M. Guidou, pêcheur-lamaneur, à Concarneau (Finistère), pour travaux relatifs à la multiplication des homards et des langoustes.

Rapport sur le concours pour la pratique des irrigations et le drainage. (M. Nadault de Buffon, rapporteur.)

Grande médaille d'or à M. le vicomte de Rougé, au Charmel (Aisne), pour travaux de drainage et fabrication de tuyaux.

Rapports sur le concours pour les travaux d'économie, de statistique et de législation agricole. (M. Pommier, rapporteur.)

Médaille d'or, à l'effigie d'Olivier de Serres, à M. Carlotti, de Corte, pour un mémoire sur l'amélioration de l'agriculture en Corse.

Médaille d'or, à l'effigie d'Olivier de Serres, à M. Querret, de Morlaix, pour un travail sur la statistique agricole et industrielle de la commune de Ploujean.

Dans la même séance, voici comment M. Payen, secrétaire perpétuel de la Société Impériale et Centrale, dans son remarquable compte-rendu des travaux de cette Société en 1854-1855, s'exprimait au sujet des *industries annexes des fermes* et des *distilleries agricoles* :

V. — *Industries annexes des fermes.*

« Tous les agriculteurs instruits, témoins des beaux résultats obtenus dans les exploitations rurales par l'adjonction d'industries, véritables annexes des fermes, savent que ces industries utilisent les moments naguère perdus dans les campagnes, font disparaître les inconvénients et les dangers de l'oisiveté, transforment les produits bruts des récoltes en produits de plus grande valeur, exportables aux lieux de grande consommation ; qu'elles laissent à la ferme des résidus propres à la nourriture du bétail, qui, augmentant bientôt la masse et améliorant la nature des fumiers, développent ainsi la puissance et la fertilité du sol. Tous ont mieux compris dès lors le but des efforts incessants de la Société centrale pour propager dans les fermes ces industries améliorantes, qui, en même temps élèvent l'intelligence des ouvriers ruraux, leur apprennent l'emploi et les avantages des ustensiles fondés sur les applications scientifiques. On se souvient que ce sont ces agents, auxiliaires indispensables des fabriques, qui ont porté si vite nos manufactures au rang élevé qu'elles occupent aujourd'hui parmi les industries des nations.

« Chacun, en un mot, a reconnu que, pour accroître la production agricole en diminuant les prix de revient des produits récoltés, il fallait exploiter une ferme comme on exploite une fabrique, tirer le meilleur parti des produits accessoires dont chaque localité peut assurer le placement. C'est effectivement ainsi qu'on parvient à réaliser des bénéfices nouveaux, capables de compenser en grande partie les frais qui pesaient exclusivement parfois sur les récoltes brutes, enchérissaient les denrées agricoles, élevaient le prix des subsistances au delà du taux normal, au delà des prix accessibles à tous.

« Cette introduction, si justement désirée, des industries dans les fermes, commence à se développer en France ; la Société en signalait l'année dernière de remarquables et récents exemples ; elle les encourageait par des récompenses et hâtait de ses vœux le moment où des récompenses plus élevées constateraient de nouveaux progrès, encourageraient la propagation des diverses industries le mieux appropriées à nos cultures régionales.

VI. — *Distilleries et sucreries agricoles.*

« *Ce moment est venu, Messieurs*; vous entendrez d'abord, à cet égard, le remarquable rapport présenté par notre collègue M. Dailly, au nom d'une commission spéciale formée de membres désignés dans quatre de vos sections, sur les distilleries agricoles qui se propagent dans les fermes. *Une récompense de premier ordre et quinze médailles à l'effigie d'Olivier de Serres signaleront à l'attention des cultivateurs les succès obtenus dans les quinze premiers établissements* qui ont adopté les procédés économiques de distillation agricole. A cet égard, nous avons reçu de M. d'Herlincourt et de plusieurs autres honorables correspondants des renseignements précis sur les avantages de l'introduction des résidus des distilleries dans les rations alimentaires des animaux.

« Trois de vos membres, MM. Pasquier, Delafond et Payen, vous ont dit les résultats, plus remarquables encore, de l'introduction de la distillerie, de la sucrerie et des industries auxiliaires : exploitation des animaux abattus, fabrication et revivification du noir animal, établies avec une rare intelligence par M. Hette, dans une ferme véritablement modèle de 500 hectares. (On traitera cette année, chez **M. Hette**, par le procédé Champonnois, 60,000 kilog. de betteraves par jour.)

XVIII. — *Alcool de betterave.*

« . . . .
« Plusieurs circonstances paraissent de nature à res-treindre les travaux des grandes distilleries : ce sont, d'une part, les inconvénients graves pour la salubrité, qui résultent de l'écoulement des volumineux résidus liquides ou vinasses, qui se putréfient dans des fossés, mares ou puisards perméables. Des préfets de plusieurs départe-ments se sont avec raison préoccupés de ces dangers et des moyens d'y mettre un terme. Les concours de la So-ciété se sont proposé le même but, qui sans doute pourra être atteint dans beaucoup de localités; mais vous avez remarqué, et c'est là un de leurs grands avantages, que les distilleries dans les fermes, utilisant les vinasses, ne sont en aucune façon assujetties à ces inconvénients; celles-ci ne semblent non plus avoir à redouter la concur-rence des diverses autres sources d'alcool, qui bientôt peut-être abaisseront les prix au-dessous des limites permises aux distilleries exclusivement manufacturières. »

Enfin, dans une visite faite par S. A. I. le prince Napoléon à l'*Exposition universelle*, voici l'opinion ex-primée par la commission qui accompagnait S. A. I., au sujet des distilleries de betteraves du système Champonnois :

« Un modèle de distilleries de betteraves introduites
« dans les fermes, a fourni à S. A. I. l'occasion d'appré-
« cier ce système, qui permet d'enrichir nos exploitations
« agricoles, en laissant dans les résidus de la macération
« des betteraves la plus grande partie des matières nutri-
« tives, moins le sucre transformé en alcool et en acide
« carbonique ; le lavage des betteraves découpées en ru-
« bans, en y employant la vinasse au lieu d'eau, a résolu
« cet immense problème, en même temps qu'il a sup-
« primé tous les inconvénients de l'écoulement des vinas-
« ses dans les mares ou fossés où elles se putréfiaient.
« Comme intérêt sanitaire, accroissement de la nourriture
« du bétail et production des engrais, cette méthode a
« une portée philanthropique immense, Aussi les agri-
« culteurs l'ont-ils accueillie avec un tel empressement,

« et béni le nom de M. Champonnois, son auteur, avec
« un tel enthousiasme, que déjà cent deux établissements
« ruraux, employant les appareils de macération, fermen-
« tation et distillation qui la réalisent, représentent un
« traitement quotidien d'un million de kilogrammes de
« racines, soit 150 millions de kilogrammes pendant une
« campagne de cinq mois. »

(Extrait du *Moniteur universel* du 8 septembre 1855.)

EXPOSITION UNIVERSELLE DE 1855.

DISTRIBUTION DES RÉCOMPENSES.

(*Extrait du Moniteur du 16 novembre 1855.*)

11° CLASSE.

Préparation et Conservation des Substances alimentaires

GRANDE MÉDAILLE D'HONNEUR

CHAMPONNOIS et CIE, à Paris

*pour l'installation dans les fermes du système de macération
des betteraves dans les vinasses pour en obtenir l'alcool.*

La *grande médaille d'honneur* vient de nous être décer-
née à l'exposition universelle.

Quoique les travaux de toute notre vie aient été con-
sacrés aux progrès des industries agricoles, nous ne sau-
rions nous attribuer tout l'honneur d'une récompense aussi
élevée, et nous le reportons sur l'immense importance de
l'objet auquel nous avons été assez heureux pour apporter
une amélioration qui est appelée à un si grand avenir.
Ce sont les avantages de toutes sortes qui doivent résulter
pour l'agriculture du perfectionnement et de la propagation des distilleries agricoles, qu'ont voulu récompenser et
surtout encourager les hommes éminents de tous les pays,
réunis dans le jury de l'exposition, et la distinction dont
nous avons été l'objet nous impose le devoir de redoubler
de travail et d'efforts pour la justifier par des progrès
nouveaux.

La betterave, comme plante fourragère et industrielle, est décidément fixée dans l'agriculture, et c'est déjà une de ses plus grandes ressources, si toutefois elle ne devient le pivot indispensable de toute bonne combinaison agricole. Les soins qu'exige sa culture peuvent seuls retarder la grande extension à laquelle elle est appelée, et c'est un devoir pour chacun d'apporter le concours de son expérience pour hâter le moment où elle sera mise à la portée de toutes les positions, de toutes les ressources,

Pour cela, il faut que le cultivateur soit affranchi de cette nécessité de main-d'œuvre, qui souvent lui manque, et qui exige des avances au-delà de ses moyens. Il faut que cette culture lui soit rendue facile, avec ses seules ressources, et qu'elle lui assure un produit non-seulement égal, mais même supérieur à ce qu'il obtient ordinairement, tant en quantité *qu'en qualité;* cette dernière condition appellera désormais l'attention beaucoup plus qu'elle ne l'avait fait, tant qu'on n'avait eu en vue que la nourriture du bétail, surtout lorsque les résultats industriels auront généralement fait connaître la grande différence de valeur qui peut exister entre telle ou telle espèce, ou variété de la betterave, comme entre tel ou tel mode de culture.

Généraliser la culture de la betterave, encore si restreinte dans une grande partie de la France, par l'étude et l'application de tout ce qui peut en diminuer les frais et en augmenter le produit, simplifier encore, s'il est possible, les outillages et la main-d'œuvre dans les distilleries, sans nuire à la bonne marche des établissements et aux conditions d'un bon travail, et du plus fort rendement possible en nourriture pour le bétail, et en alcool; tels sont les moyens vers lesquels doivent tendre tous nos efforts pour arriver au but final, si désirable pour la prospérité publique, *la production abondante et à bon marché du blé et de la viande,* reposant sur la seule base solide, la fertilité croissante et durable des terres.

Nous croyons suivre cette voie, en publiant de nouveau, sur la culture de la betterave, une communication faite par nous en 1845 à la Société d'agriculture de Châlonsur-Saône, et insérée dans ses annales. Depuis cette époque, divers essais de cette méthode ont été faits et ont généralement confirmé les principes suivants, à savoir :

Que l'exhaussement du sol cultivé, par la disposition du terrain en billons, favorisait l'allongement de la racine et par conséquent son produit à la récolte;

Que la richesse saccharine était relativement augmentée, ce qui doit être attribué à l'influence de l'air, favorisée par cette disposition du sol et par une perméabilité plus grande, et encore par le changement de proportion entre la partie de racines en terre et le collet : on connaît la différence de qualité entre la partie moyenne de la racine et celle qui est à fleur ou au-dessus du sol ;

Que les mêmes cultures peuvent être faites facilement et économiquement, avec de petits instruments qui ameublissent le fond et les talus des billons, sans crainte que le déplacement de l'instrument n'endommage les plantes qui sont au sommet de ces billons.

Que l'arrachage est plus facile dans une terre soulevée que dans un sol plat, et que pour ce travail, l'effort de la main peut toujours suffire, sans même qu'il soit besoin de recourir à la charrue, dont l'emploi est, dans tous les cas, facile pour entamer la base des billons et déchausser la racine.

Qu'enfin, ce mode général de culture se prête mieux aux ressources du cultivateur, en lui permettant d'exécuter, dans une saison où ses autres travaux lui laissent des loisirs, une partie des labours et des opérations préparatoires à l'ensemencement; qu'il en résulte encore un assainissement du sol, qui participe en quelque sorte aux bienfaits du drainage.

H. CHAMPONNOIS.

RECHERCHES

sur la culture de la betterave et d'autres plantes sarclées.

Les cultures de printemps exigent plusieurs conditions pour leur réussite, et ces conditions ne sont pas toujours dépendantes de la volonté et des moyens d'action du cultivateur. Les variations atmosphériques y ont la plus grande influence : ainsi, les hâles de printemps, succédant à de longues pluies, sèchent trop rapidement la terre que soulève en grosses mottes la charrue, pour qu'il soit possible, même avec des hersages et roulages répétés, d'obtenir une division convenable. Les pluies répétées ont le même inconvénient, et il est trop rare de trouver dans cette saison les alternatives de pluie et de sécheresse qui sont indispensables pour obtenir l'ameublissement du sol, condition utile pour une réussite complète.

Ces difficultés que j'ai souvent rencontrées dans la culture de la betterave, et qui deviennent sérieuses lorsqu'on agit sur une grande échelle, ont souvent fixé mon attention sur les moyens possibles de les éviter et de l'affranchir des difficultés que j'ai signalées.

Ainsi, je me suis demandé : ne serait-il pas possible de disposer la terre de telle sorte, que, quelle que soit la saison, sèche ou pluvieuse, elle soit toujours propre à recevoir la semence d'une manière prompte et économique.

Différents essais que j'ai faits en ce sens, m'ont amené à un ensemble d'opérations qui, je crois, peuvent résoudre ce problème sans rien sacrifier des conditions utiles dans les travaux ultérieurs, sarclage, récolte, pour lesquels il me paraît possible de réduire les frais de main-d'œuvre au moins au quart de ce qu'ils reviennent habituellement.

J'ai eu assez de confiance dans cette méthode pour la soumettre à la société, et en solliciter l'essai dans sa ferme expérimentale, la priant aussi d'en demander quelques applications dans des sols de nature et position différentes.

Avant d'entrer dans les détails du mode que je propose, je vais passer en revue les considérations qui m'ont fixé.

Les terres destinées aux semailles de printemps, comme celles qui sont emblavées, ont besoin d'être assainies avec le même soin ; autrement, les parties où l'eau aura séjourné, restent froides pendant longtemps, jusqu'à ce que les cultures et les sarclages leur rendent leur activité.

Cet effet ne peut s'expliquer que par l'absence de l'air, qui, n'ayant pu pénétrer un sol submergé, n'a pu réagir sur ces matériaux décomposables, et les prédisposer à l'assimilation. L'aérage des terres pendant l'hiver est donc une opération utile ; l'excès ne peut nuire, parce qu'on ne peut craindre l'évaporation des gaz. Comme exemple, on pourrait citer la pratique de la Flandre, qui consiste à binoter, c'est-à-dire à remuer et à retourner la terre avec un petit instrument à deux versoirs, qui la laisse en petites raies soulevées et écartées. Ordinairement la fumure précède cette opération, qui est répétée autant que possible, de manière à bien mélanger le fumier, et à le soumettre aux influences décomposantes de l'air.

D'un autre côté, les semences de printemps ont besoin de trouver une terre meuble, dont les parties bien divisées produisent sur le sous-sol une aspiration par capillarité, qui entretient partout la fraîcheur, quel que soit l'état desséchant de l'atmosphère. Il n'est personne qui n'ait remarqué qu'une terre douce et meuble est toujours fraîche, tandis qu'une terre motteuse est promptement desséchée. La nature donne l'exemple des conditions utiles à la germination. Les gelées soulèvent la terre, la désagrègent et la laissent dans un état de division très convenable au premier développement des plantes.

Si ces deux conditions sont reconnues utiles, *terre entretenue saine et bien égouttée pendant l'hiver*, *terre meuble et bien divisée à l'époque des semailles*, les difficultés grandissent dans une proportion immense avec l'importance des cultures; et, dans le mode généralement suivi, il est impossible de les surmonter toutes sans avoir à sa disposition, en personnel et attelages, le double ou le triple de la force rigoureusement utile. Quel que soit le mode employé pour la préparation des terres, il est impossible d'arriver à un état d'ameublissement suffisant, sans lui donner deux ou trois labours et autant de roulages et hersages, et encore ce grand travail exige-t-il, de la part du cultivateur, beaucoup d'attention pour répartir ses forces sur telle ou telle terre, pour telle ou telle opération, suivant les variations de l'atmosphère.

Ces mêmes difficultés se représentent pour les travaux ultérieurs, sarclage, binage, quand ils s'exécutent à bras; car ces opérations demandent le plus grand soin et veulent être faites en temps opportun. Le moindre retard peut compromettre la récolte.

Le mode que je propose paraît réunir toutes les conditions utiles, et éviter les difficultés que je viens de signaler; je vais d'abord décrire toutes les opérations, et j'expliquerai ensuite le but de chacune d'elles.

Une terre étant débarrassée d'une récolte de céréales : labourer, fumer, relever en raie ou billons, soit avec une charrue ordinaire, par deux coups l'un contre l'autre, soit avec une charrue à deux versoirs; ces opérations pourraient se faire pendant tout le reste de l'été, après la récolte et pendant l'hiver, en commençant de préférence par les terres argileuses qui se soutiennent le mieux, et finissant par les terres silico-argileuses, ou les terres blanches, plus sujettes à se tasser; laisser en cet état jusqu'aux semailles, reformer les billons en les ratissant pour détruire les plantes parasites, et ce, avec un petit instrument traîné par un cheval, et dont les deux versoirs seraient précédés d'une lame qui pénétrerait les ados du billon de quelques centimètres; rouler le sommet des billons pour détruire l'arête formée par la charrue, les arrondir et y tracer, soit des trous à des distances régulières, pour y déposer les graines; soit une rigole où on répandrait la graine dans toute la longueur, à la main, ou avec un semoir qui surmonterait le rouleau ; éclaircir les plantes à la main et nettoyer le sommet des billons ; les ados et le fond des billons le seront par le même instrument dont on s'est déjà servi pour les redresser avant la semaille ; cette opération se répètera autant qu'il sera nécessaire.

Voyons maintenant quels sont les avantages de cette disposition. Nous avons vu que l'assainissement du sol était une condition indispensable, toutes les pratiques de raisonnement et d'observation le confirment ; ne sait-on pas qu'un labour préparatoire d'automne doit être soulevé, et ne préfère-t-on pas pour cette opération une charrue à long versoir, qui relève la terre sans la briser, et dont la bande ne porte sur le sous-sol que par un angle, en présentant à la surface un angle opposé, et cela de préférence à la charrue à court versoir, qui brise la terre en la retournant ? Le but de cette opération n'est-il pas de donner à l'air un accès facile dans toute la profondeur de la couche labourée ? N'est-ce pas aussi le moyen de donner à l'eau un écoulement facile par les espaces libres qu'elle trouve entre le guéret et le sous-sol ? Malheureusement, toutes les terres ne se prêtent pas à cette opération, car si elle est utile pour les terres fortes et argileuses qui se soutiennent, elle est souvent nuisible pour les terres blanches qui se délaient par les pluies et qui, après l'hiver, sont plus compactes que si elles n'avaient pas été labourées. Cependant, ces dernières ont plus besoin de cette préparation que toute autre ; car si, dans leur composition, elles ne contiennent pas d'éléments désagrégeants, comme les calcaires, les marnes, etc., il est indispensable d'avoir recours à d'autres moyens. A l'appui de ce raisonnement, je citerai une pratique en usage en Alsace, et qui consiste à relever à la pioche, en petits tas de 60 à 80 centimètres de base, toute la surface des terres de cette nature.

Le billonnage que je propose est donc parfaitement d'accord avec tous ces principes, quant à l'assainissement et à l'aérage. Nous allons voir qu'il ne l'est pas moins quant à une bonne disposition de la terre, pour la germination, pour le développement ultérieur de la plante, pour la plus grande utilisation des engrais et pour la plus grande économie de frais.

Supposons un labour préparatoire de 20 centimètres de profondeur, et des billons écartés de 80 centimètres à un mètre ; le sommet de ces billons aura au moins 40 centimètres de hauteur, ce qui double la profondeur du guéret.

L'engrais qui a été répandu après le labour va se trouver réuni au centre du billon, et, par conséquent, en contact immédiat avec la plante; dans cette position, il sera toujours garanti du contact des eaux, il sera toujours soumis à l'influence de l'air, qui en hâtera la décomposition et le prédisposera à une assimilation facile, au premier besoin de la plante. Le sommet des billons aura éprouvé, pendant tout ou partie de l'hiver, les influences atmosphériques qui l'auront amené au plus grand état possible de division, et la base du billon aura pris avec le sous-sol cet état de liaison qui est indispensable pour établir les courants ascendants de l'eau par capillarité, cette disposition promet donc d'être avantageuse à la germination par l'état de division et d'homogénéité de la terre, au développement de la plante par un engrais bien préparé et un guéret profond et rassis. Je citerai un fait qui vient à l'appui de cette disposition : ayant entendu recommander, pour la culture du colza, la semaille sur un labour repris, mais entretenu propre et meuble par des hersages ou des cultures peu profondes, je l'essayai dans des betteraves. Je semai, dans le mois d'août et avant le dernier binage, du colza dans les lignes de betteraves : le binage recouvrit la semence qui leva bien, et les feuilles de colza atteignirent la hauteur des betteraves à l'époque de l'arrachage; ces dernières enlevées, la terre était bien garnie de colza d'une vigueur peu ordinaire, qui s'est soutenue jusqu'à la récolte.

Les travaux ultérieurs, sarclage, arrachage, gagneront en facilité d'exécution et en régularité : ainsi la levée étant faite, le seul travail à la main indispensable sera l'éclaircissage des plants et le ratissage du sommet des billons; dix journées seront plus que suffisantes par hectare. Les côtés et le fond des billons seront cultivés par le même instrument dont j'ai déjà parlé, et, au lieu d'une racloire précédant les versoirs, on pourra y mettre un râteau dont les dents seront plus grandes à la base qu'au sommet, de manière à ouvrir la terre et lui donner le plus possible de perméabilité à l'air, sans jamais pouvoir attaquer la plante, ce qui n'est pas aussi facile dans la culture à plat, par les houes à cheval; les versoirs auront pour effet de relever la terre et entretenir toujours dans leur état primitif la forme des billons.

Inutile de faire remarquer la facilité de l'exécution pour l'arrachage, opération qui, dans certaines circonstances, comme dans les cultures à plat où la terre est battue et ferme, exige l'emploi de la bêche et devient très coûteuse.

Un avantage qui ne serait pas moins appréciable dans ce mode de culture, ce serait de donner plus de précocité à la récolte, car la semaille pouvant se faire de très bonne heure sur une terre préparée de cette manière et promptement échauffée par les rayons du soleil, la maturité en serait par conséquent plus avancée, et la terre plus tôt prête aux semailles d'automne.

Tous ces raisonnements s'accordent donc à assurer la réussite à cette combinaison ; mais l'expérience est le grand juge, et c'est pour cette raison, je le répète, que je la soumets à la société, pour en solliciter l'essai dans différents sols et différentes positions. L'expérience est acquise pour ce mode de culture, mais pour des billons tracés après l'hiver, où l'on rencontre de grandes difficultés, principalement celles de l'ameublissement du sol qui, dans cette disposition, se dessèche plus facilement qu'à plat, et compromet la levée ; mais tout ce qui réussit a une vigueur bien supérieure aux cultures ordinaires, et les racines acquièrent en grosseur et en longueur bien plus de développement.

Je terminerai par une considération à l'appui de ce nouveau mode.

L'expérience a prouvé que les betteraves de vieille terre sont de meilleure qualité que celles qui se succèdent trop souvent sur la même terre. Les savants ont dit que l'humus ancien était utile à la production du sucre ; Liébig a prouvé que les éléments indispensables à leur végétation étaient les sels à base de potasse et de soude ; aussi a-t-on souvent trouvé des betteraves ne contenant que des sels et peu de sucre, et jamais de betteraves ne contenant que du sucre et pas de sels.

Il a dit aussi :

« En remuant la terre autour de la jeune plante, on
« renouvelle et on multiplie les points de contact de l'air,
« et l'on favorise ainsi la formation de l'acide carboni-
« que.

« La proportion d'acide carbonique qui, dans un temps
« donné, peut pénétrer dans une plante, dépend de la
« quantité d'acide carbonique qui arrive en contact avec
« les organes d'absorption.

« Si une jeune plante n'est alimentée que par l'air, elle
« n'absorbera qu'une quantité de carbone équivalant à
« la surface de ses feuilles ; mais si les racines viennent
« lui offrir dans le même intervalle, par l'effet de l'hu-

« mus, trois fois plus d'acide carbonique, il est évident
« que cette plante s'accroîtra du quadruple, toutes les
« conditions nécessaires à l'assimilation étant réunies.
   « L'effet de l'humus sur les plantes consiste dans l'ac-
« célération de leur développement. Il fait gagner du
« temps. L'humus augmente toujours le rendement du
« carbone, lequel, si les conditions indispensables à
« d'autres combinaisons viennent à manquer, prend la
« forme de la fécule, du sucre, de la gomme ou en géné-
« ral des matières qui ne renferment pas de principes
« minéraux. »

Ainsi donc, si la terre contient les sels utiles ou qu'on
les lui donne par les engrais, ne serait-on pas fondé à
penser que cette disposition de la terre, qui est dans toutes les conditions utiles pour une conversion rapide de
l'humus et des détritus végétaux en acide carbonique ne
contribuerait pas plus qu'une culture à plat à donner aux
betteraves à sucre la qualité avec la quantité ?

Paris.—Impr. PREVE ET COMP., rue J.-J.-Rousseau, 15.

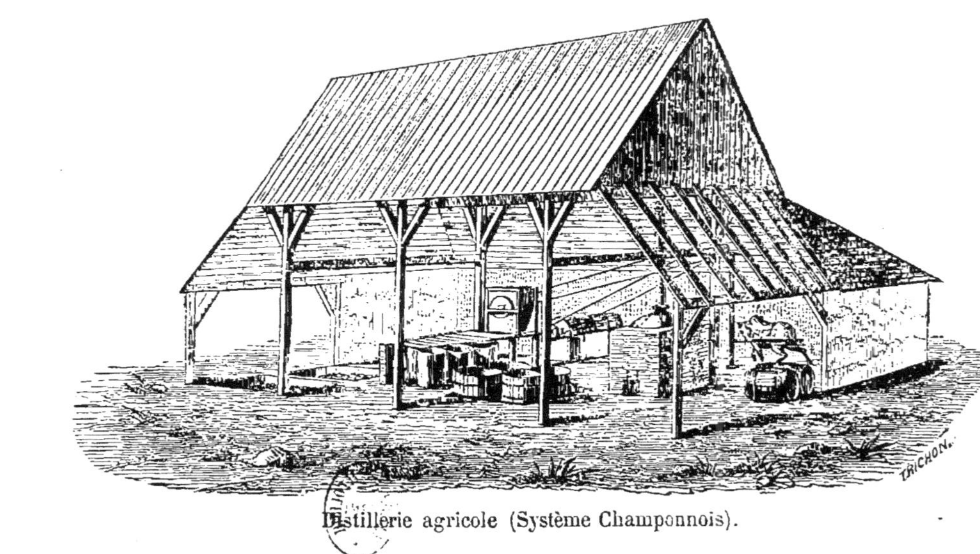

Distillerie agricole (Système Champonnois).